페이스트리 셰프 장완정이
길 위에서 만난
세계의 카페 & 베이커리

떠나고
맛보고
행복하다

떠나고
맛보고
행복하다

저자 | 장완정
발행인 | 장상원
편집인 | 이명원

초판 1쇄 | 2013년 11월 12일
발행 | 2013년 11월 12일
발행처 | (주)비앤씨월드 출판등록 1994. 1. 21. 제16-818호
　　　　　 주소 서울특별시 강남구 청담동 40-19번지 서원빌딩 3층
　　　　　 전화 (02)547-5233 팩스 (02)549-5235

편집 | 현미나
디자인 | 박갑경
인쇄 | 문덕인쇄

ISBN 978-89-88274-90-3   13980

http://www.bncworld.co.kr

세상에서 가장 달콤한 3000일의 여행

페이스트리 셰프 장완정이
길 위에서 만난 세계의 카페 & 베이커리

떠 나 고
맛 보 고
행 복 하 다

장완정 지음

BnCworld

"너 영국에서 빵, 케이크 소개하는 글 써보지 않을래?"

한국을 방문한 2006년 늦가을, 둘도 없는 친구 미진이의 느닷없는 권유에 귀가 솔깃했다. 결국 여러 우연들이 만나 나는 그해 월간지 〈파티시에〉 11월 호에 첫 글을 싣게 되었다. 속 깊은 친구의 한마디로 보다 넓은 세상을 만나게 된 것이다.

영국 통신원으로 취재했던 여러 나라의 '스위트 스토리' 주인공들과의 만남은 아주 각별했다. 장작불을 지펴 빵을 굽는 시골 제빵사부터 끝없는 도전을 하는 세계 정상의 셰프들까지. 때로는 발길을 따라가다 운 좋게 취재한 곳도 있지만 대부분 우여곡절 끝에 어렵사리 이뤄진 경우가 아주 많았다. 취재하고 싶었던 셰프들을 어떻게 해서든지 꼭 만나고야 마는 끈질긴 성미 때문에 나의 여정은 때론 고달프기도 했다. 섭외 과정은 힘들었지만 반드시 만나야 했던 셰프들은 기대만큼 깊은 인상을 주었다. 하지만 예고 없이 마주친 곳이나 어렵게 취재가 이루어진 곳 모두 소중하고 감동적이었다.

'나는 지금도 빵을 처음 굽기 시작했을 때와 똑같은 마음으로 빵을 굽는다'는 64년 경력의 이탈리아 제빵사 할아버지. 그가 적어준 이 글귀는 나의 초심을 다시 되돌아보게 했다. 시계도 없이, 반죽이 내는 소리와 표정으로 반죽을 읽어내던 그에게서 나는 무던한 열정을 배웠고, 스타 셰프이면서도 직원들 속에 묻혀 작업복을 입고 바삐 일하는 셰프에게서는 자만하지 않는 성실함을 배웠다. 우리가 제대로 된 빵을 먹고 있는지에 대한 의문을 제기하는 리얼 브레드 캠페이너와 '착한 빵'과 '나쁜 빵'을 알려주는 빵 공장의 여주인은 지금까지 우리가 먹어온 빵을 되돌아보게 만들었다.

　내가 만난 성공한 셰프들은 말했다. 경쟁자는 없다고. 그들은 모두 넘치는 자신감을 가지고 있었다. 자신의 길을 고집하며 자로 잰 듯한 완벽함, 열정적인 자세 그리고 투철한 책임감이 바로 이들의 공통점. 그들은 멈추지 않고 늘 새로운 도전에 흥분하며 아직도 이루고 싶은 꿈이 남아있다고 했다. 그들은 내게 소중한 교훈을 주었고 새로운 열정을 심어주었다. 빵처럼 가슴이 뜨끈한 사람들이 빵에 담은 소중한 마음과 케이크 만드는 이들의 장신 정신을 글로 옮겨 담은 지 어느덧 8년째 접어든다.

　여기 내가 도약할 수 있는 또 다른 계기를 마련해 준 고마운 두 사람이 있다. 언제나 조언을 아끼지 않는 문정 언니. 언니는 그동안 잡지에 기고한 원고를 책으로 내보라고 권유해 준 고마운 은인이다. 또한 그즈음 늦은 저녁 시간, 책방에서 〈파티시에〉를 구매하던 애독자가 잡지사에 전화를 걸어 언니와 같은 제안을 해주었다. 모두 내게 자신감을 준 사람들이다. 용기가 났다. 그리고 수년에 걸쳐 연재된 글 중 스물여섯 개를 모아 책으로 엮게 되었다.

　제빵사이자 페이스트리 셰프인 나는 셰프들의 미세한 감각을 느끼며 조금 더 깊게, 더 많은 것을 볼 수 있었다. 갓 구워진 빵의 온기 같은 따뜻한 사람들을 만나면 그 마음까지 담아 전하고 싶었다. 특유의 빵 반죽 치대는 소리, 돌 오븐에서 방금 꺼내 잿가루 묻은 빵 냄새, 입안에서 터지는 오묘한 향과 독특한 케이크 맛. 그런 모든 것들이 이 책을 통해 전해졌으면 하는 바람이다.

목차 / *Contents*

Café&Bakery

Sally Lunn's Bun
샐리 런의 번을 찾아서

영국의 유일한 온천 도시 바스(Bath). 이곳에 3백여 년째 내려오는 유명한
'샐리 런의 집(Sally Lunn's House)'이 있다. 단 하나의 빵으로 모든 메뉴가 만들어진다는
작은 레스토랑에 전 세계의 사람들이 찾아온다. 밀가루, 우유, 달걀. 3가지 재료만
공개된 채 모든 것이 비밀에 부쳐진 레시피. 수백 년에 걸쳐 내려오는
비밀스러운 레시피를 간직한 샐리 런의 집을 찾아가 보았다.

　　　　런던에서 남서쪽으로 약 160km 떨어진 바스에는 고대 로마인들이 즐
기던 온천장이 그대로 남아 있다. 1세기 중반, 영국을 지배했던 고대 로마인
들은 온천수가 나오는 바스에 거대한 '로만 바스(Roman Baths)'를 지었는데,
지금도 당시의 웅장했던 모습을 가늠할 수 있다. 유네스코(UNESCO)에 의해
세계문화유산 지역으로 지정된 이곳은, 영국의 대표 작가 제인 오스틴(Jane
Austine) 소설의 배경이 되기도 했다. 1800년대 가족과 함께 이사와 이곳에
서 집필 활동을 했던 제인 오스틴. 그녀의 흔적을 찾기 위해 해마다 많은 관

샐리 런의 집 외관. 벽돌로 마무리된 건물 외관에 붙은 안내
간판. 1482년에 지은 바스에서 가장 오래된 집으로 1680년에
샐리 런이 살았다고 써있다

광객이 이곳을 방문하는데 명소로 가득한 바스에서도 빠뜨릴 수 없는 오래된 관광 명소 중 하나가 바로 샐리 런의 집이다.

샐리 런의 집 이야기는, 샐리 런이 영국에 온 1680년 훨씬 이전부터 시작된다. 프랑스가 16~17세기에 걸쳐 신교도들을 추방할 때 젊은 프랑스 여자 샐리 런은 영국으로 망명한다. 바스에 정착한 그녀는 지금의 집에 세를 들었다. 그녀는 빵집을 운영하던 한 제빵사 밑에서 일하며 길에 나가 빵을 팔았다. 빵 굽는 솜씨가 있던 샐리는 브리오슈(brioche : 버터, 달걀, 우유, 이스트 등을 넣고 만든 프랑스 빵)를 빵집에 소개했고, 브리오슈의 레시피로 개발한 번(bun : 약간 단맛이 나는 둥글 넓적한 빵)이 영국 전역으로 알려지면서 크게 성공했다. 그 후 세월이 지나 1930년경 샐리 런의 집에서 티룸을 운영하던 메리(Marie)는 어느 날 우연히 비밀 벽장 속에서 고문서를 발견했는데 바로 샐리의 번 레시피였다. 현재 원본의 레시피는 한 은행에 보관되어 있다고 한다. 그리고 그녀의 이름을 붙인 샐리 런의 번(Sally Lunn's bun)은 수백 년 동안 내려오고 있다.

샐리 런의 집, 그 오래된 이야기

샐리는 1680년부터 지금의 샐리 런의 집에서 살면서 빵집을 열었다. 1482년에 지어진 이곳은 바스에서 가장 오래된 4층 집이다. 번은 1890년대까지 부엌에서 장작불 지피는 오븐으로 구워졌지만 이후에는 석탄을 이용했다. 지금도 지하 1층에는 번을 구울 때 사용한 기구들을 비롯해 당시 부엌의 모습이 그대로 보존되어 있다. 큼지막한 번은 지름 14cm, 높이 3cm의 둥근 빵틀에 굽는다. 부엌 박물관 바로 옆의 작은 가게에서는 낱개로 담은 번을 판매한다. 가격은 한 개에 2천8백 원으로 3개 사면 1개를 덤으로 준다.

1. 입구 모습. 오래된 건물답게 문이 낮다
2. 박물관 입구에 있는 그림

1. 박물관이 된 옛 부엌 모습
2. 얼마나 오래되었는지도 모른다는 우산대

3. 지하로 가는 입구에는 돌로 막아진 우물과 펌프가 놓여 있다
4. 지하 1층 부엌 박물관에서 빵 파는 모린 할머니와 손님

구매 후 대략 4일간은 상온에서 보관이 가능하다. 그 밖에 버터, 홈메이드 잼, 전통 차 등 여러 기념품들이 있으며 버터의 종류는 생강, 초콜릿, 브랜디(brandy : 포도주를 증류해서 만든 술), 계피 맛 등이 있다.

커다란 투명 유리로 막은 한쪽 벽면 아래에는 발굴 작업을 했던 고대 로마와 중세의 건축 토대를 볼 수 있다. 기념품 가게에서 일하는 60세 남짓 되어 보이는 모린(Maureen)은 번을 무척 좋아한다고 했다. 벌써 3년째 접어든다는 그는 사람 만나는 것이 좋아 일을 시작했다며 환하게 웃었다. 박물관을 찾는 사람들에게 같은 설명을 반복하면서도 한결같이 친절한 모습의 모린은 일에 대한 애정이 넘쳐 보였다. 식사를 마친 손님들은 부엌 박물관을 무료로 관람할 수 있으며 매일 오후 6시까지 연다. 언뜻 보기에 평범한 둥근 빵처럼 보이지만 300년을 이어온 샐리 런의 번 레시피는 공장장 로버트(Robert)만 알고 있는 특급 비밀이다. 로버트는 다른 곳에 있는 빵 공장에서 단 두 명의 직원과 매일 500여 개의 번을 굽는다. 식품 알레르기를 가진 손님을 고려한 듯 번의 공식적인 재료는 겨우 밀가루, 우유, 달걀 3가지. 이외에는 일절 알 수 없다.

번의 단면을 보면 마치 브리오슈처럼 가볍고 약간 마른 듯하게 보이지만 먹어보면 살짝 단맛이 도는 부드러운 질감이다. 번의 크기는 대략 높이 8cm, 지름 15cm로 워낙 두툼하다. 간단한 식사부터 각종 요리에 곁들여 나오는 번의 다양한 메뉴는 사람들을 입맛을 돋게 한다. 번의 양쪽 겉면을 잘라내고 샌드위치로 만들어 먹거나 반쪽짜리 번 위에 스크램블 에그를 올리거나 살짝 구운 번과 다양한 잼이 나오는 간단한 아침 식사로 즐기기도 한다.

추억을 꺼내보는 빵집

내가 샐리 런의 집을 방문한 시간은 공교롭게도 가장 바쁜 평일 점심 시간이었다. 1, 2층은 끊이지 않고 밀려드는 사람들로 북적거렸다. 식당 입구에는 기다리는 사람들의 줄이 길게 이어지고 직원 한 명이 자리가 비워지는 대로 사람들을 테이블로 안내했다. 빈자리 한 군데 없이 꽉 찬 사람들로 식당 안은 분주한데 직원들은 부산한 모습도 없이 차분히 서빙하고 있었다. 마침 매니저는 출장 중이었고 직원인 안젤라(Angella)가 일하는 짬짬이 시간을 내어 자세히 설명해줬다. 정신없이 바쁜 와중에도 순조롭게 일하는 직원들이 인상적이었다. 안젤라는 "가족 같은 마음으로 일하는 훌륭한 팀워크 덕분"이라고 했다. 그녀는 음식이 담긴 접시들을 양손에 들고 바쁘게 테이블로 나르는 프랭크(Frank)를 20년 동안 함께 한 최고의 팀장이자 동료라며 소개했다.

이곳의 영업은 오전 10시 아침 식사를 시작으로 점심 식사, 전통 애프터눈 티 그리고 오후 5시부터는 저녁 식사로 이어진다. 촛불이 켜진 낭만적인 저녁 식사를 즐기려면 미리 예약을 해야 할 정도로 인기가 높다. 주중에는 1층과 2층만 열지만 손님이 많이 밀리는 바쁜 주말에는 4층까지 열고 직원 12명이 총동원된다.

샐리 런의 집 메뉴에는 '규칙은 아니지만'이라는 안내 문구가 눈에 띈다. 번의 윗면은 단맛을 내는 요리, 아랫면은 풍미 있는 요리에 사용되기 때문에 두 명이 함께 온 손님은 두 가지 메뉴를 시켜보라는 것이다. 번의 위와 아래를 먹어보기를 제안하는 요긴한 팁이다. 번은 항상 반쪽만 나오기 때문에 두 가지 메뉴를 시켜야만 번 한 개를 제대로 먹을 수 있다는 것.

안젤라는 인상 깊었던 경험담이 있느냐는 질문에 주저 없이 한 할머

가족과 처음으로 방문했다는
7살 윌리엄. 번에 홈메이드
초콜릿 버터가 발라져 있다

1. 샐리 런의 번
2. 클로티드 크림이 곁들여진 번
3. 영국 웨일즈 지방의 유명한 레어비트(Welsh Rarebit)를 식빵 대신 번 위에 만든 것
4. 홈메이드 딸기잼과 번의 반쪽 그리고 티

니와의 이야기를 꺼내 놓았다. 아흔이 넘은 한 할머니가 식당 한편에 장식된 골동품 인형을 보고 자신이 어릴 때 갖고 놀던 것과 똑같다며 인형을 보러 자주 와서 식사를 즐겼다고 했다. 아직도 그 인형은 한쪽 벽면의 선반 맨 위에 놓여 있다.

　　사람들은 샐리 런에서 그들의 추억을 다시 꺼내 본다. 오래된 손님들 대부분은 어린 시절, 가족과 함께했던 추억을 찾아오는 사람들이라고 한다. 샐리 런의 집에서 추억을 되새기고 그것을 그리워하는 사람들. 지금의 샐리 런은 또 얼마나 긴 세월로 이어질까. 이 추억은 절대 다른 빵이 따라 할 수 없는 맛일 것이다.

Sally Lunn's House

주소 4 North Parade Passage, Bath, BA1 1NX
전화 (+44) 01225 - 461634 웹사이트 www.sallylunns.co.uk
매장 오픈 주중 10:00a.m~9:30p.m 금, 토요일 10:00a.m~10:00p.m 일요일 11:00a.m~9:30p.m

1층 식당 선반 위에 놓여 있는 인형.
아마도 그 할머니는 이 자리에 앉으셨던 것 같다

1. 1층에서 식사하는 손님들의 모습
2. 2층 식당 모습

3. 20년간 이 곳에서 일했다는
프랭크(Frank)가 서빙하는 모습
4. 사진 찍기 수줍어하는 안젤라. 번 위에 구운
베이컨(약 1만3천 원)

Happy New Year를 기원하는 영국의 전통 디저트

새해 전야에 런던의 대규모 불꽃놀이는 그야말로 밤하늘의 장관을 이룬다. 불꽃은 이내 템즈강 위에 그대로 내려 비치고 그 아래 운집한 세계 여러 나라 사람들의 마음에 별이 되어 수없이 박힌다. 이렇게 영국의 새해는 템즈강가에서 벌어지는 현란한 불꽃놀이와 그것을 올려다보며 감탄하는 사람들의 함성으로 시작된다.

새해를 맞는 카운트다운이 끝나면 영국 의회의 빅벤 종소리는 불꽃놀이와 함께 사람들의 환호성에 뒤섞인다. "Happy New Year!" 새해 인사가 한가득 흘러 넘치면 사람들은 서로 양 볼에 키스를 나누고 손을 엇갈려 잡으면서 올드 랭 사인(Auld Lang Syne : 우리나라의 '석별의 정'으로 알려진 스코틀랜드의 전통 포크 송)을 부른다. 영국의 새해맞이 관습은 재미있다. 북쪽 스코틀랜드 사람들은 12월 31일 자정을 막 넘긴 새해에 집 현관의 문지방을 넘어 첫발을 딛고 들어선 사람이 새해의 행운을 가져온다고 믿는다. 그 첫 방문객은 대부분 친구나 이웃들로, 블랙 번(black bun) 케이크와 석탄 한 덩어리 그리고 위스키 한 병을 가져온다. 그리곤 석탄으로 벽난로의 불을 지핀 후 빵은 식탁 위에 두고 위스키 한 잔을 부어 집 주인에게 권하며 모두 "Happy New Year!"라고 말하고 반드시 뒷문으로 나간다. 서쪽의 웨일즈(Wales)에서는 자정의 첫 종소리가 울리면 집 뒷문을 열어 묵은 해를 나가게 하고 다시 잠근 후에 마지막 종이 울리면 새로운 행운이 들어올 앞문을 활짝 열어 새해의 행운을 집안 가득 들여놓는다.

스코틀랜드가 고향인 친구 앤(Anne)의 엄마 딕시(Dixey) 부인이 직접 스코트랜드의 새해맞이 전통 디저트를 보여 주었다. 삼각형 모양의 과자 '쇼트 브레드(short bread)'는 여느 과자에 비해 버터가 많이 들어간다. 새해 첫 방문객이 가져온다는 '블랙 번(black bun)'은 건포도를 포함한 많은 건조 과일이 사용되어 속이 검게 보이기 때문에 그렇게 불린다. 이 영국식 디저트 마지막에는 스코틀랜드 정통 위스키를 곁들인다. 쇼트브레드 반죽을 만들던 내 친구 앤은 올드 랭 사인 노래를 흥얼거리더니 "1절은 서로 마주 손을 잡고 2절을 부를 때 손을 엇갈려 잡는 거야"하고 나의 손을 잡았다. 우리는 서로 손을 잡고 올드 랭 사인을 함께 불렀다. 나는 새삼 가슴이 뭉클해졌다. 소박한 솜씨로 정성스럽게 여러 맛있는 디저트를 만들어 준 딕시 가족이 고마웠다.

푸딩과 트라이플의 고향

전통 디저트는 만들기도 간단해서 영국인들이 파티나 모임에 자주 즐기는 메뉴이다. 브레드 앤 버터 푸딩(bread and butter pudding)과 스팀드 스펀지 푸딩(steamed sponge pudding)은 계절에 상관없이 인기가 있으며, 추운 겨울에 따끈하게 먹으면 더욱 맛있다. 남은 식빵이나 굳은 빵을 이용해 만든 브레드 앤 버터 푸딩은 달지 않고 부드러워 노인과 아이 간식으로도 좋다. 18세기경부터 전해 내려오는 트라이플(trifle)은 커스터드와 과일 그리고 스펀지 케이크를 투명한 유리 그릇에 층층이 담아 색과 맛이 조화를 이루는 손꼽히는 디저트 중 하나이다. 트라이플과 브레드 앤 버터 푸딩을 만들 때 들어가는 커스터드(custard)는 푸딩의 일종이다. 푸딩은 오븐에 굽거나 끓이고 찌는 여러 조리 방법을 토대로 발전되어 17세기경에는 다양한 종류의 푸딩이 만들어졌다. 이 많은 푸딩 중 하나가 커스터드이다. 영국 친구들의 고유 레시피로 만드는 몇 가지 대표적인 전통 디저트를 자세히 소개한다.

스팀드 스펀지 푸딩
Steamed Sponge Pudding

꿀이나 시럽을 끼얹어 뜨거울 때 먹는 스팀드 스펀지 푸딩.
달콤하면서도 따끈하게 녹아드는 맛이 일품이다

재료 버터 200g, 설탕 200g, 달걀 3개, 박력분 240g, 베이킹파우더 15g, 우유 60g, 꿀이
나 골든 시럽 약간

만드는 법 1. 버터와 설탕을 흰 크림 상태가 될 때까지 저은 다음, 풀어 놓은 달걀을 약간씩
넣으며 섞는다 **2.** 박력분과 베이킹파우더를 고루 섞이도록 체로 두 번 친다 **3.** 2를 1에 넣
고 충분히 섞은 다음, 우유를 넣으면서 반죽 농도(주걱에서 약간 되직하게 떨어질 정도)를
조절한다 **4.** 버터를 바른 용기에 꿀이나 시럽을 약간만 붓고, 반죽을 용기의 3/4 정도 되
게 채운다 **5.** 용기를 쿠킹포일로 잘 덮고 김 오른 찜통에 1시간 내지 1시간 30분 동안 찐다
6. 꼬치로 찔러 푸딩이 익었는지 확인한 다음, 찜통에서 꺼내 뜨거울 때 접시 위에 엎는다
7. 약간의 시럽 혹은 꿀을 푸딩 위에 뿌린다

Useful Top Tips!
* 푸딩 반죽에 여러 다른 재료를 넣으면 다양한 맛의 푸딩을 만들 수 있다
1. 초콜릿 스펀지 푸딩 : 박력분 240g 대신 박력분 200g과 초콜릿 혹은 코코아가루 40g
을 체에 내려 반죽에 섞는다 **2.** 레몬 또는 오렌지 스펀지 푸딩 : 레몬이나 오렌지 껍질을
강판에 갈아 넣는다 **3.** 건포도 스펀지 푸딩 : 건포도 120g을 넣는다 **4.** 바닐라 스펀지 푸딩
: 바닐라 에센스를 몇 방울 떨어뜨려 넣는다

브레드 앤 버터 푸딩
Bread and Butter Pudding

집에서 먹다 남은 식빵으로 만들 수 있는 경제적인 브레드 앤 버터 푸딩. 혼자 먹을지 여럿이서 먹을지를 결정해서 인원수에 맞게 만들어낸다. 영국인들에게 가장 사랑받는 전통 디저트 중 하나로 추운 겨울 따끈하게 데워 먹으면 더욱 맛있다

재료 슬라이스 된 식빵 5~6개, 건포도 60g, 버터 약간, 설탕 약간, 베이크드 커스터드* 적당량

만드는 법 1. 버터를 바른 오븐용 그릇에 설탕을 살짝 뿌리고 건포도를 흩어 놓는다 **2.** 식빵에 버터를 골고루 바른 다음 가장자리를 잘라내고, 세모나게 반으로 자른다 **3.** 식빵을 엇갈리게 눕혀 놓으며 용기에 담는다(식빵이 너무 많으면 베이크드 커스터드 맛이 덜하니 적당히 넣는다) **4.** 3에 베이크드 커스터드를 부어 가면서 식빵을 눌러 잠기게 한다 **5.** 식빵이 충분히 적셔지게 20분 정도 둔 다음 용기 맨 위까지 올라 오도록 베이크드 커스터드를 한 번 더 부어준다 **6.** 중탕하듯 오븐 트레이에 물을 약간 부은 다음 용기를 살짝 잠기게 해 170℃로 예열 된 오븐에서 30~40분 동안 굽는다 **7.** 표면에 노릇노릇하게 색이 돌고 바삭하게 됐을 때 꺼내 설탕을 뿌려 따뜻할 때 먹는다

베이크드 커스터드 Baked Custard
재료 달걀 3개, 설탕 60g, 우유 600g, 넛메그(nutmeg) 가루 약간, 바닐라 에센스

만드는 법 1. 달걀에 설탕 30g을 넣고 크림 상태가 될 때까지 저어 준다(설탕을 반으로 나누어야 녹이기 쉽다) **2.** 냄비에 우유와 나머지 설탕 30g을 넣고 잘 저으면서 끓인 후, 1에 넣어 잘 섞어 준다 **3.** 2에 넛메그 가루 약간과 바닐라 에센스를 두세 방울 떨어뜨려 넣고 섞은 후, 덩어리가 생기지 않도록 체로 거른다 **4.** 베이크드 커스터드에 표막이 생기지 않게 랩으로 씌워 놓는다

Useful Top Tips!
브레드 앤 버터 푸딩을 만들 때는 약간 굳은 식빵을 사용하기 때문에, 오래된 식빵이 있다면 유용하게 쓸 수 있다. 흰 식빵을 주로 사용하지만 잡곡 식빵도 무난하며 고소한 크루아상이나 브리오슈로 만들면 또 다른 맛이 난다.

미니 트라이플
Mini Trifle

트라이플은 18세기경 영국에서 탄생된 디저트로 커스터드와 과일,
스펀지 케이크를 한 번에 떠서 먹을 수 있는 아주 독창적인 디저트이다.
브레드 앤 버터 푸딩과 마찬가지로 일인용과 파티용으로 나뉜다

재료 스펀지 케이크, 잼, 셰리(sherry) 또는 주스, 각종 과일, 커스터드* 적당량

만드는 법 1. 스펀지 케이크를 0.5cm 두께로 얇게 잘라서, 두 장을 잼을 발라 붙여 놓는다 **2.** 1을 폭 1.5cm 가량의 긴 직사각형 형태로 썰어 그릇에 담고 취향에 맞는 셰리 또는 주스를 살짝 뿌린다 **3.** 각종 과일을 네모지게 잘라 놓는다 **4.** 미니 트라이플을 만들 1인용 유리컵이나 투명한 커다란 그릇에 준비한 과일들을 깔고 그 위에 2를 얹는다. **5.** 4에 커스터드를 붓고 냉장고에 넣어 차게 굳힌다 **6.** 생크림에 설탕을 약간 넣어 만든 휘핑크림을 커스터드 위에 파이핑하고 과일로 예쁘게 장식한다

커스터드 Custard
재료 우유 600g, 설탕 60g, 달걀 노른자 3개, 녹말 가루 25g, 바닐라 에센스 약간

만드는 법 1. 냄비에 우유와 설탕 30g을 넣어 섞은 다음 잘 저으면서 끓인다 **2.** 그릇에 달걀 노른자와 나머지 설탕 30g을 섞고, 녹말가루와 바닐라 에센스를 넣는다 **3.** 2에 1을 부어가면서 잘 섞고, 다시 냄비로 옮겨 걸쭉해질 때까지 저어 주면서 끓인다 **4.** 완성된 커스터드를 식힌 후, 용기에 담아 랩을 씌워 놓는다

Useful Top Tips!
프루츠칵테일 통조림을 써도 무방하지만 신선한 과일이 훨씬 맛이 좋다. 젤리를 좋아하면 과일과 스펀지가 잠길 만큼 젤리를 붓고 냉장고에 넣어 굳힌 다음 커스터드와 휘핑크림으로 똑같이 마무리하면 된다.

Food Revival Real Bread

당신이 먹는 빵, '리얼 브레드'가 맞나요?

BBC TV 방송에서 〈영국 음식의 부활 (Great British Food Revival)〉이라는 제목의
프로그램을 다섯 차례에 걸쳐 방영한 적이 있다. 유명한 요리사들이 진행한 이 프로그램은
영국인들의 빗나간 식품 구매와 식습관을 일깨우고 잊혀져 가는 옛 음식과 맛을 되살리자는
취지였다. 인터뷰 중 용감하게 빵을 구겨버린 빵 캠페이너와 믹서도 없이 장작불 지핀
돌화덕에 빵을 굽는 젊은 제빵사의 출연은 놀랍고 충격적이었다.

〈영국 음식의 부활〉 첫 회는 요리 프로그램에 자주 출연하는 미셸 루
주니어(Michel Roux Jr.) 셰프가 진행했다. 프랑스인 2세인 미셸은 아버지와
형 또한 유명한 셰프이며 미슐랭 가이드(Michelin Guide : 세계 최고 권위의
레스토랑 평가지)가 선정한 미슐랭 스타 레스토랑을 2대째 경영한다. 미셸
은 대량 생산된 빵의 개성 없고 획일적인 맛에 익숙해진 영국인들에게 '진짜
빵 맛'을 환기시키고 옛 장인 정신을 되찾아 보겠다며 서두를 열었다. 이어

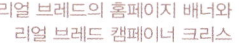

리얼 브레드의 홈페이지 배너와
리얼 브레드 캠페이너 크리스

1. BBC 방송에서 방영한 〈영국 음식의 부활 (Great British Food Revival)〉이라는 프로그램 2. 크리스가 대기업 제빵회사의 식빵 포장지 뒷면에 적힌 재료들을 읽고 있다 3. 진행자에게 '이것이 빵입니까'라고 묻는 장면 4. 크리스는 구겨버린 식빵을 테이블에 내려놓았다

미셸은 '리얼 브레드 캠페인(Real Bread Campaign)'의 기획 담당자 크리스 영(Chris Young)을 한 빵집에서 만나 인터뷰를 했다. 크리스는 빵을 만들 때 밀가루, 이스트, 물, 소금 외에 뭐가 더 필요하냐고 물었다. 그리고 나서 대기업의 식빵 포장지 뒷면에 적힌 유화제(emulsifier : E472), 밀가루 처리제(flour treatment agent : E300), 아스코르빈산 (ascorbic acid), 방부제 프로피온산 칼슘(preservative calcium propionate) 등의 식품첨가물들을 읽어 내려가기 시작했다. 어려운 용어를 더듬거리며 읽고 난 크리스가 식빵을 내보이며 "이것이 빵입니까?"라고 묻자 미셸은 머리를 절레절레 저으면서 단호하게 "No!"라고 대답했다. 그러자 크리스는 손에 든 식빵을 과감하게 구겨 버렸다. 용기 있고 자신만만한 그의 태도는 신선한 충격이었다.

나는 테이블 위에 던져놓은 구겨진 빵을 보면서 '과연 우리는 어떤 빵을 사먹고 있는가?' 자문해 보는 좋은 계기가 되었다. 그리고 그날 이후 유명 기업 제품의 식빵 포장지 뒷면에 깨알 같이 적혀 있는 낯선 재료들을 직접 확인해 보며 또 한 번 놀랐다. 통밀빵에 잡곡이 들어있는 겉모양만 보고 사먹었는데 뜻도 모르고 이해도 안 가는 첨가물들이 빵 속에 잔뜩 들어 있었던 것이다.

리얼 브레드를 위해 직업을 바꾼 크리스

런던의 사무실에서 만난 크리스는 빵에 대해 누구보다 진지하고 열정적이었다. 그는 빵에 관한 단 한 권의 책이 그의 직업을 바꾸게 했다고 말했다. 어느 날, 그는 권위 있는 전직 제빵사 댄 레파드(Dan Lepard)가 집필한 『손으로 만든 빵(The Handmade Loaf)』이란 책을 읽고 깊은 감명을 받았다. 댄 레파드의 저서는 영국과 세계 여러 나라에 많은 영향을 끼친 베스트셀러로서 70개의 레시피와, 좋은 밀가루와 재료로 기계를 사용하지 않고 쉽게 손으로 반죽하는 방법을 소개하고 있다. 책을 읽으며 '빵이 기본 4가지 재료 외에 부수적인 재료나 식품첨가물이 필요하지 않은 식품'이라는 것에 처음 눈을 뜨게 됐다는 크리스는 그 후 여자 친구의 권유로 앤드류 위틀리(Andrew Whitley)의 제빵 코스를 일주일간 수강했다.

전직 BBC 방송 러시아 담당 부서의 프로듀서였던 위틀리는 영국에서 수제 빵의 최고 실력자로 꼽힌다. 제빵 코스를 통해 크리스는 손반죽으로 장작불 오븐에 구운 핸드 메이드 빵과 슬로우 푸드 운동(slow food movement : 전통적인 식생활 문화나 식품 재료를 재검토하는 운동)을 경험하고 큰 영감을 받게 된다. 그는 식품과 음료 산업의 홍보 담당으로 근무하던 직장을 그만 두고 몇 개월 후 리얼 브레드 캠페인의 자원 봉사자로 일하면서 모든 행사에 적극 참여했다. 리얼 브레드 캠페인은 2008년 9월에 앤드류 위틀리가 공동 창설한 비영리 단체로 영국 복권 기금의 후원을 받고 있다. 설립 목적은 좋은 품질의 식품을 추구하고 리얼 브레드의 생산과 소비 증대를 위해 제빵사나 홈베이커의 기술을 공유하고 후원하는 데 있다. 또한 소비자들에게 홈메이드 빵을 만들도록 적극 장려하고 저질 빵에 가려져 점점 잊혀져 가는 리얼 브레드의 진가를 되찾는 데 있다.

리얼 브레드 캠페인은 '리얼 브레드란 빵의 필수 재료인 밀가루, 물, 이스트와 선택적으로 넣는 소량의 소금으로 만드는 빵이며 견과류, 치즈, 지방 등 추가 재료를 제외한 어떤 식품첨가물도 넣지 않은 것'이라 정의한다. 크리스는 기본 재료 외에 식품첨가물을 넣어 만든 빵을 '보톡스를 맞은 빵'이라고 했다. 크리스는 빵이 대량 생산되기 전 즐겨 먹었던 핸드메이드 빵의 참된 가치를 사람들이 제대로 평가하지 않는다면서, 영국 전체 인구의 80%가 식품첨가물이 든 빵을 사먹고 있으며 애초에 집에서 빵을 구워 먹은 것조차 잊고 산다고 안타까워했다. 방송에 출연한 후 시청자들이 보인 반응에 대해서도 '소비자들은 빵 포장지에 공공연하게 표기된 내용들을 소홀히 생각하고 구매해 왔기 때문에 마치 새로운 사실을 안 것처럼 받아들인다'라며 오히려 놀랍다고 웃었다. 한국의 제빵사들에게 조언을 부탁하자 고품질의 밀가루 선택이 중요하지만 먼저 스스로에게 '나는 어떤 빵을 만들지?'라고 물어보라고 권한다. 제빵사는 순수한 재료로 만든, 각기 고유한 자신만의 리얼 브레드의 맛을 유산으로 남겨야 한다고 당부한다. 리얼 브레드 캠페인은 오래 걸릴, 먼 길을 가고 있다. 리얼 브레드 캠페인, 이 작은 단체가 영국을 서서히 움직이고 있다.

좋은 빵은 긴 시간이 필요합니다

크리스와 인터뷰를 마친 미셸이 다음으로 소개한 사람은 하크니 (Hackney : 런던의 33개 자치구 중 하나)에서 리얼 브레드를 만드는 젊은 제빵사 벤 맥킨넌(Ben MacKinnon)이었다. 벤은 프로그램에서 셰프 모자 대신 두건을 두르고 앞치마를 입은 편안한 차림으로 빵 만드는 과정을 설명했다. 그리고는 스웨덴 친구가 준 200여 년 된 사워도 스타터(sourdough starter : 배양된 효모)를 넣어 만든 빵 반죽을 100% 수작업으로 빚어 장작불 지핀 돌오븐에 구웠다. 런던에서 돌오븐에 빵을 굽는 고집스런 제빵사를 보니 마음이 뭉클해졌다.

벤의 가게인 '이파이브 베이크하우스(e5 Bakehouse : e5는 벤이 처음 빵을 팔던 지역의 우편 번호이다)'는 역에서 아주 가까웠다. 좁은 출입구로 들어서자마자 왼편 선반에 놓인 빵에선 강한 사워도 냄새가 물씬 풍겼고 뒤편에선 한 직원이 빵 반죽에 여념이 없었다. 이린카(Ilinca)라는 이름의 이 루마니아인은 빵 반죽을 작업대 위에서 치대지 않고 넓적한 플라스틱 통에 넣은 채 높게 들어 올리는 동작을 반복했다. 무척 생소했으나 전혀 힘든 방법이 아니라고 했다. 이렇게 '잡아 당기고 접는(stretch and folding)' 동작을 반복하는 동안 글루텐(gluten: 밀가루에 든 단백질)이 형성되어 반죽의 조직을 강화시킨다고 했다. 이린카는 바닥에 쌓인 플라스틱 통들을 가리키며 5시간 동안 번갈아 빵 반죽을 치댄다고 했다.

완성된 반죽은 30분간 실온에 둔 다음 발효기가 아닌, 냉장고에 12시간을 두어 리타딩(retarding)을 한다. 리타딩은 비닐로 덮은 반죽을 냉장고 안에 장시간 두어 발효는 정지되지만 이스트는 죽지 않는 상태인 냉장 발효를 뜻한다. 다음 날, 반죽을 다시 실온에 두면 발효 작용이 일어나고 부풀기

1. 숍에 들어서자마자 선반 위의 빵에서 사워도의 강한 냄새가 풍겼다 2. 작업대가 아닌,
플라스틱 통에서 '잡아 당기고 접는' 식의 반죽을 한다

완성된 호밀빵을 꺼내는 벤

오븐의 온도는 약 200℃정도. 호밀빵을
꺼내 일일이 체크한 후 다시 5~10분을
더 굽기 위해 집어 넣었다

시작하는 과정을 통해 반죽의 조직성이 더욱 강해진다. 냉장 발효한 반죽은 맛, 질감, 향이 최상의 상태가 되며 실온에서 얻을 수 없는 고유한 풍미를 갖는다. 하크니 와일드 빵(Hackney wild bread)과 호밀 빵의 작업 과정은 통틀어 3일이 걸린다고 했다. 좋은 빵이 탄생하기까지는 참으로 긴 시간이 필요한 것이다.

이파이브 베이크하우스의 벤 맥킨넌

벤이 4년간 다니던 직장을 그만두고 제빵사로 변신한 가장 큰 이유는 단순히 '좋은 빵'을 만들어 보고 싶어서였다. 그렇다면 그에게 '좋은 빵'이란 무엇일까? 그는 2009년 여름, 모로코를 여행하면서 커다란 돌오븐에 장작을 때어 빵을 굽는 모로코인들에게 큰 영감을 받게 된다. 영국으로 돌아온 후 아티잰 푸드 스쿨(School of Artisan Food)에서 5일 동안 제빵 코스를 밟으며 사워도 전문가 칼 슈워츠(Carl Schwarz)에게 빵 만들기를 배웠다. 그리고 그를 통해 엄청난 영향을 받은 후 제빵사가 되기로 결심한다. 벤은 만약 자신이 칼 슈워츠 같은 훌륭한 스승을 만나지 못했었다면 상황은 달라졌을 것이라고 했다.

그 후 런던의 어느 이태리 식당 피자 화덕을 빌린 후 주말 아침마다 빵을 구워 인근 지역에 판매했는데 반응이 너무 좋았다. 얼마간 경험을 쌓은 뒤 자신감을 얻은 그는 빵집 자리를 구하던 중 유기농 케이크와 과자 등을 만드는 해피 키친(Happy Kitchen)의 주인으로부터 제안을 받아 2010년 5월, 더 베이커리(The Bakery)라는 공동 상호 아래 본격적으로 이파이브 빵집을 시작한다. 유기농 시리얼을 만들어 파는 매장까지 3개의 사업체가 널찍한 작업실을 나눠 쓰며 공동 판매하는 방식이다. 벤은 엔지니어인 여동생의 도움으로 분사식 오븐(rocket oven)에서 아이디어를 얻은 돌오븐을 2주 만에 완성했다. 2단으로 된 돌오븐은 230~240℃로 예열하는 데 약 40분이 걸리고 20여 개의 빵을 한꺼번에 구울 수 있다. 고품질의 유기농 밀가루를 구하기 위해 벤은 구운 빵을 들고 직접 지역 농부를 찾아가 자신이 어떤 빵을 만드는지 보여주며 왜 좋은 밀가루가 필요한지를 설명했다. 빵 맛을 본 농부는 굉장히 흡족해 했고 계약을 성사시킬 수 있었다. 좋은 재료로 만든 좋은 빵, 리얼 브레드가 탄생한 것이다. 이파이브 빵집은 유기농 재료 사용, 현지 생산품 애용, 가공하지 않은 순수한 재료를 사용한다는 철칙을 지키고 있다.

그는 빵을 참 편하게 구웠다. 반죽이 틀에 들러붙어 형태가 일그러졌는데도 손도 안보고 그대로 오븐에 집어넣었다. 아마도 빵의 겉모습보다 리얼 브레드가 가진 참 맛을 중요하게 여기기 때문이 아닌가 싶다. 그는 "좋은 재료의 선택, 긴 발효 시간이 요구되는 공정 과정을 거쳐 수작업으로 좋은 빵을 만드는 것에 말로 형용할 수 없는 만족감을 느낀다"라고 했다. 벤은 토요일 격주로 6시간씩 제빵 코스를 운영하며 빵에 관심 있는 사람들에게 리얼 브레드 만드는 법도 가르치고 있다.

리얼 브레드 캠페인의 웹사이트에는 이러한 글이 써있다. '리얼 브레드는 복잡하지 않고 숨길 것이 없다(Real Bread is nothing fancy and has nothing to hide).'

e5 Bakehouse

주소 e5 Bakehouse 395 Railway Arches, Mentmore Terrace, London E8 3PH England
전화 (+44) 020 8525 2890 이메일 info@e5bakehouse.com

이파이브 빵집의 외관. 건물 위에는 전철이 다니고
오른쪽에 보이는 작은 문이 출입구다

The Untold Story

이파이브 빵집 앞에 세워놓은 자전거가 색다르게 생겨 궁금했다. 안 물어봤으면 엄청 섭섭했을 것 같다. 벤이 자전거에 대한 자랑을 늘어지게 했으므로. 기차를 타고 직접 암스테르담까지 가서 자전거를 사왔는데 영국에서 산 것보다 훨씬 쌌다고 너무 뿌듯해 했다. 자전거 뒷좌석에 놓을 커다란 나무 박스를 목공소에 주문했다며 곧 완성되면 자전거로 빵 배달을 나갈 것이라고 했다. 런던에서 자전거에 빵을 싣고 배달을 나서겠다는 벤, 역시 그는 달랐다. 2011년에 만나 인터뷰 할 때 벤은 몇 달 후에 매장을 옮긴다며 나에게 50m 정도 떨어져 있는 이전할 장소를 보여줬다. 근래에 TV에서 새로 이사한 넓은 이파이브 빵집에서 두건을 벗은 채 빵을 만드는 벤을 보았는데 많이 낯설어 보였다.

Royal Wedding in Spring
눈부시도록 아름다웠던 영국의 로열 웨딩

윌리엄 왕자(Prince William)와 캐서린 미들턴(Catherine Middleton)의 결혼이
공식 발표되자 영국은 순식간에 떠들썩해졌다. 전 세계의 이목은 몇십 년 만에
다시 보는 세기의 결혼식에 집중되었다. 2011년 4월 29일 집 앞의 라일락이 진한 향기를
내뿜던 봄날, 런던은 그 자체로 하나의 거대한 파티장이 되었다. 아름다운 동화 속의
한 장면 같았던 로열 웨딩(royal wedding)을 다시 그려 본다.

2010년 11월, 영국 왕실에서 왕위 계승 서열 2위인 윌리엄 왕자와 캐서
린의 결혼이 공식 발표되자 영국인들은 열렬히 환호했고, 왕실 결혼에 대한
언론의 열기는 식을 줄을 몰랐다. 결혼식을 앞둔 일주일 전부터 여러 방송사
에서는 윌리엄 왕자와 캐서린의 결혼에 관한 특집을 앞다투어가며 방영했고
왕실의 결혼 이야기는 연일 화젯거리였다.

이 결혼식은 찰스 왕세자와 다이애나 왕세자비의 결혼식 이후 30년
만의 로열 웨딩으로, 전 세계를 다시 한 번 뜨겁게 달구었다. 런던은 결혼식
며칠 전부터 곳곳에 영국의 국기가 거리마다 물결쳤고 축제 분위기는 최고
조에 달했다. 결혼식 당일이었던 금요일이 임시 공휴일로 정해지면서 그 다
음 주 월요일이 노동절이었던 영국은 사흘간의 특별 연휴를 가졌다. 영국의

왕실에서 언론에 내보낸 공식 결혼 자료 사진

작업장에서 케언스가 직원들과 함께 작업하는 모습

펍(pub : 여러 음료와 음식을 파는 대중적인 술집)에서는 맥주를 판매하는 시간이 오후 11시로 엄격하게 제한되어 있지만, 결혼식 날은 2시간 연장되어 축제 분위기의 여흥을 더했다.

최대 관심사였던 웨딩드레스 디자이너는 신부가 결혼식장인 웨스트민스터 사원(Westminster Abbey)으로 출발함과 동시에 밝혀졌지만 로열 웨딩 케이크의 제작자로 선정된 주인공은 결혼식 한 달 전, 아침 뉴스에서 공개되었다.

왕실이 선택한 케이크 디자이너, 피오나 케언스

결혼식이 끝난 후 버킹엄 궁 갤러리에서 열린 피로연은 언론에 전혀 공개되지 않아 아쉽게도 웨딩케이크 자르는 모습은 볼 수가 없었고, 다만 오후 늦게서야 케이크 사진이 공개되었다. 케이크 제작자라면 누구나 선망하는 로열 웨딩케이크의 제작은 56세의 케이크 디자이너 피오나 케언스(Fiona Cairns)에게 맡겨졌다.

그래픽 디자이너였던 케언스는 젊은 시절 종종 뛰어난 솜씨로 케이크를 만들었고 그녀의 잠재력을 발견한 남편 파텔(Kishore Patel)이 부인에게 케이크 사업을 적극적으로 권유했다고 한다. 그렇게 25년 전 집에서 사업을 시작한 케언스는 2001년, 중북부의 레스터셔(Leicestershire)주의 작은 마을 플랙크니(Fleckney)에 자신의 이름을 딴 '피오나 케언스(Fiona Cairns Ltd.)'라는 공장을 세웠다. 이곳에서는 현재 50여 명의 직원이 일주일에 2만7천여 개의 다양한 케이크를 만들어 런던의 해러즈(Harrods)를 비롯한 두 곳의 최고급 백화점과 대형 슈퍼마켓에서 판매하고 있다. 비틀즈의 멤버인 폴 매카트니(Paul McCartney)는 해마다 그녀의 크리스마스 케이크를 주문한다고 한다.

1. 로열 웨딩 케이크 **2.** 은방울 꽃으로 장식된 중간의 정면에는 윌리엄과 캐서린 이름의 약자 W와 C를 겹치게 파이핑 한 모노그램이 보인다. 그 위 칸에 유나이티드 킹덤의 4개국 국화들을 모아 놓았다 **3.** 케이크 첫 단 아래는 결혼을 상징하는 담쟁이덩굴 잎을 돌리고 데이지, 라벤더, 오렌지 꽃과 사과꽃, 장미 그리고 담쟁이덩굴 잎을 가득 채워 마치 꽃들이 작은 폭포처럼 흘러내리는 듯하다

은방울꽃으로 만든 신부 부케, 이 꽃이
케이크 맨 위 8층에 올려져 있다

케언스는 3월 27일 BBC 뉴스와의 인터뷰에서 2월 18일에 웨딩케이크의 제작자로 선택되었다는 전화를 왕실로부터 직접 받았다고 밝혔다. "작업 도중에 통보 전화를 받았는데 순간 매우 기쁘고 감격해서 어찌할 바를 몰랐다. 무척 영광스러웠지만 동시에 부담감도 느꼈다. 통화 후 아무 일도 없었던 것처럼 직원들과 계속 일을 해야 했던 게 어려웠다"며 당시의 흥분과 긴장을 털어놨다. 그녀는 맨 처음 남편에게 이 일을 알리고는 아무에게도 말하지 못하고 잠시 사무실 밖으로 나가 마음을 가라앉혔다고 한다. 왕실과 통화한 이후 머릿속이 온통 케이크 디자인으로 가득 찼었다는 그녀는 두 달여에 걸쳐 독창적이고 창의적인 케이크를 완성해 냈다.

'꽃의 언어'로 만든 로열 웨딩케이크

케언스는 TV 인터뷰에서 캐서린과 직접 만나 웨딩케이크에 관해 구체적으로 상의했다며 "캐서린은 그녀 자신의 다양한 아이디어를 바탕으로 어떤 케이크를 원하는지 내게 잘 설명해 줬는데, 아주 전통적이면서도 현대적인 감각이 곁들여진 케이크였다"고 말했다. 캐서린이 구체적으로 의뢰한 꽃들에는 유나이티드 킹덤(United Kingdom) 4개국의 국화(잉글랜드의 장미, 스코틀랜드의 엉겅퀴, 웨일스의 수선화, 북아일랜드의 토끼풀)들이 포함되어 있었다. 캐서린의 요청대로 케이크에 장식된 꽃들은 먹을 수 있는 슈거 페이스트(sugar paste)를 사용했고 로열 웨딩케이크의 안쪽은 말린 과일, 견과류, 향신료 등을 넣은 영국 전통 '과일 케이크(fruits cake)'로 만들었다. 과일 케이크는 다양한 종류의 말린 과일, 견과류, 향신료 등을 넣어 만든 것으로 전통적으로 웨딩케이크나 크리스마스 케이크를 만들 때 쓰인다. 그녀는 "과일 케이크의 모든 재료를 밝힐 수는 없지만 여러 가지 말린 과일과 3종류의 건포도를 브랜디에 재워 밤새 충분히 부풀린 후 사용했다. 가장 중요한 것은 프랑스산 최고급 브랜디를 사용했다는 것이다"라고 말했다. 160℃에서 2시간 정도 구운 케이크 위에 구멍을 여러 군데 낸 다음 일주일에 한 번씩 브랜디를 부어주는 작업을 2~4주에 걸쳐서 해주는데 이 과정을 통해 케이크의 맛이 숙성된다.

캐서린은 웨딩케이크의 장식을 케이크 데커레이팅의 장인 조셉 람베스(Joseph Lambeth)의 기법으로 꾸미길 원했다고 한다. 람베스 기법이란 얽힌 듯 복잡하게 만드는 파이핑으로, 입체적인 효과를 내어 꽃, 잎 등 여러 장식을 꾸밀 때 쓴다. 이러한 기법으로 완성된 8층짜리 웨딩케이크는 17종류의 꽃 900송이로 장식되었다. 순결을 뜻하는 데이지, 침묵을 의미하는 라벤더, 권력과 인내의 오렌지꽃과 사과꽃, 행복을 의미하는 장미와 담쟁이덩굴 등으로 채워진 웨딩케이크는 꽃말의 상징적인 의미를 전하는 그야말로 '꽃의 언어'였다. 케이크의 1층 하단은 결혼을 상징하는 담쟁이덩굴 잎을 깔끔하게 둘러 케이크 보드와 케이크 아랫부분을 자연스럽게 연결했다. 레이스 장식으로 3층까지 꾸미고, 꽃과 잎을 가득 채운 모습은 마치 작은 폭포가 흘러내리는 듯했다. 4층은 갤러리의 건축 양식인 화관과 리본 모양을 그대로 반영했으며 5층은 길고 섬세한 격자무늬의 레이스가 돋보인다. 6층은 감미로움과 겸손을 의미하는 은방울꽃들 사이에 윌리엄과 캐서린 이름의 약자인 알파벳 W와 C를 겹쳐서 파이핑을 한 모노그램을 넣었다. 7층은 유나이티드 킹덤의 국화들로, 마지막 8층은 신부가 들었던 부케와 같은 은방울꽃으로 마무리했다.

결혼식이 끝난 다음 날, BBC 아침 뉴스에 출연한 케언스에게 뉴스 진행자가 그 커다란 케이크를 어떻게 버킹엄 궁까지 옮겼느냐고 질문하자 "케이크는 낱개로 운반했고 옮기는 과정에서 케이크가 망가질까 봐 제일 염려스러웠다"고 답했다. 그녀는 결혼식 이틀 전부터 모두 17개의 작은 케이크를 쌓

케이크 제작 팀들이 마지막으로 마무리하고 있다

아 올리는 작업을 했다. 먼저 케이크 보드 4곳에 3층씩 12개의 케이크를 사용했고 그 위에 5개를 더 올려 8층으로 만들었다. 케이크는 5주에 걸쳐 결혼식 전날 완성되었는데, 그녀는 웨딩케이크가 전시될 버킹엄 궁 갤러리의 건축 양식이 무척 화려했기 때문에 웨딩케이크는 화려하지 않게 만들고자 했던 자신의 선택이 옳았다고 회고했다. 캐서린 역시 높이가 2m씩 되는 관례적인 웨딩케이크를 원하지 않았고, 갤러리의 천장이 아주 높았음에도 불구하고 낮은 웨딩케이크가 성공적이었다고 자평했다.

윌리엄 왕자를 위한 그룸 케이크(groom's cake)

로열 웨딩의 피로연에는 웨딩케이크 외에 신랑을 위한 '그룸 케이크'가 별도로 선보였다. 우리에게는 신랑을 위한 피로연 케이크가 조금 생소하지만, 외국에서는 흔히 신랑의 취미나 좋아하는 것 등에 걸맞는 소재로 웨딩케이

금색의 케이크 보드 위의 케이크가 연꽃과
깃털 장식이 어우러져 은근히 화려해 보인다

크보다 작지만 재치 있게 만들곤 한다. 단 것을 좋아하는 윌리엄 왕자의 특
별한 요청대로 그가 어릴 때부터 즐겨 먹던 '초콜릿 비스킷 케이크'가 피로연
에 참석한 6명의 하객에게 맛보여 졌다.

　　케이크 제작 주문을 받은 맥비티스(McVitie's)는 영국의 유명한 제과
회사로 왕실 대대로 내려오는 레시피를 왕실 주방으로부터 전해 받아 특별
한 케이크를 제작하였다. 맥비티스는 1830년 북쪽의 스코틀랜드에서 정통
스코틀랜드식 과자 회사로 출발한 유나이티드 비스킷 그룹(United Biscuits
Group)의 계열사로 우리나라에도 잘 알려진 다이제스티브 과자를 만드는
곳이다. 이 회사는 1893년부터 왕실 가족의 결혼식이나 큰 행사에 케이크를
만들고 있으며 2007년에는 엘리자베스 여왕 60주년 결혼기념일에 공식적인
축하 케이크를 제작하기도 했다. 케이크 디자인과 신제품 개발을 담당하는

코트니(Paul Courtney) 수석 셰프는 한 언론사와의 인터뷰에서 "윌리엄 왕자를 위한 케이크를 만드는 과제를 맡게 되어 대단히 자랑스럽다"며 흥분을 감추지 못했다. 케이크의 레시피는 왕실에 맹세한 대로 절대 비밀이라 자세히 말할 수는 없지만 구운 케이크는 아니라고 했다. 약 18kg의 다크 초콜릿, 자사 제품인 고급스러운 맛의 리치 티 비스킷(rich tea biscuits) 1천7백 개와 그 외의 밝힐 수 없는 몇 가지 특별한 재료들이 들어간다고 설명했다.

초콜릿으로 덮인 사각형의 3층짜리 그룹 케이크는 층마다 밀크 초콜릿으로 만든 연꽃과 다크 초콜릿으로 만든 연꽃잎들로 장식됐으며, 연꽃의 꽃말인 평화, 행운, 진실의 메시지를 담아 냈다. 상단은 많은 연꽃과 잎으로 꾸미고 몇 개의 깃털 모양을 꽂아 은근한 화려함을 더했다. 왕실의 정통 초콜릿 비스킷 케이크의 비밀스러운 맛을 묻자 "하객들은 부드러운 초콜릿과 대조적인 바삭한 비스킷의 복합적인 맛을 느낄 수 있을 것"이라고 답했다.

The Untold Story

버킹엄 궁의 갤러리에서 열린 피로연이 끝난 후 왕실은 로열 웨딩케이크를 650개의 조각으로 잘라 한 개씩 캔에 담아 초대된 손님들에게 증정했다. 그런데 웨딩케이크의 한 조각이 일 년 만에 첫 경매에 나와 주변의 관심을 끌었다. 익명의 판매자가 내놓은 로열 웨딩케이크는 찰스 왕세자 부부가 하객에게 답례로 쓴 카드와 함께 2012년 5월 24일 1,918파운드(약 320만 원)에 낙찰되었다.

Savoy Hotel in London

런던의 아이콘 사보이 호텔

120년 동안 영국 역사와 문화의 한 축을 담당하며 '런던의 아이콘'으로 불린 사보이 호텔(Savoy Hotel). 오랜 역사의 흔적을 한 겹 벗겨 내고 118년 만에 대대적인 공사에 착수해 드디어 모습을 드러냈다. 한 TV 방송사에서는 한 시간에 걸쳐 사보이 호텔 다큐멘터리를 방영할 정도로 영국인들의 지대한 관심을 모은 곳. 이른 아침, 영국의 시간을 오롯이 담고 있는 사보이 호텔을 찾아 런던행 기차에 올랐다.

1889년 호텔이 건립된 이래 영국의 대표적인 호텔이 된 사보이 호텔은 페어몬트(Fairmont) 그룹의 소유로 2004년 사우디아라비아 왕자인 억만장자 왈리드(Prince Alwaleed)에 의해 인수되었다. 그로부터 3년 후, 사보이 호텔은 고객들에게 아쉬운 작별을 고하며 118년 만에 문을 닫고 대대적인 공사에 들어갔다. 15개월간 예정됐던 공사는 3년이나 소요됐고 2010년 10월 10일 재개장했다. 천문학적 숫자인 2억 2천만 파운드(약 3천9백억 원)가 넘게 든 호텔 공사비는 떠들썩한 뉴스거리였다.

사보이 호텔은 에드워드 7세 때 문을 열어 영국 왕실과 첫 인연을 맺었고, 엘리자베스 여왕의 성대한 즉위식 기념 파티가 열린 곳이기도 하다. 왕실과의 깊은 역사적 관계를 대변하듯 화려한 오픈 행사 때는 찰스 황태자가 방문하여 축하하기도 했다. 사보이 호텔은 런던의 고급스럽고 화려한 영국의 여느 5성급 호텔과 비교하면 다소 왜소해 보인다. 하지만 사보이 호텔의 가치는 외형적 규모에 비교할 수 없는, 영국 역사의 일부분이자 건축 디자인의 역사를 보여주는 세계적인 호텔이라 해도 과언이 아니다.

120년의 역사를 간직한 영국의 상징적 호텔

'사보이'라는 명칭은 1246년 헨리 3세가 현재 호텔 주변의 땅을 사보이 백작에게 하사하고, 새로 지은 궁전에 백작의 이름을 붙인 것이다. 훗날 리차드 도일리 카르테(Richard D'Oyly Carte)가 궁전을 사들여 1881년 10월 10일에 사보이 극장(Savoy Theatre)을 개관했다. 카르테는 오페라를 보러 오는 미국인을 포함한 많은 관광객들을 위해 극장 옆에 5년 동안 호텔을 지었고 1889년 8월 6일, 드디어 사보이 호텔의 긴 역사가 시작되었다. 당시 사보이 호텔은 최초의 전기 엘리베이터가 가동되었으며 상시 뜨거운 물이 공급되는 욕실 시설을 갖춘 방을 선보여 근대화된 초호화 호텔로 등극했다.

사보이 극장은 현재 뮤지컬이 공연되며, 연회실은 예전에 공연된 작품의 이름으로 불린다. 그뿐만 아니라 템즈 강 전경이 훤히 내려다보이는 최고급 방에는 단골고객이었던 모네, 오페라 가수 마리아 칼라스, 처칠 영국 수상, 찰리 채플린 등의 이름을 붙여 세계 수많은 유명 인사, 예술인, 정계 인사가 드나든 자취를 느끼게 한다. 사보이 바(Savoy Bar)에서는 미국 작곡가 조지 거슈윈의 '랩소디 인 블루(Rhapsody in Blue)'가 초연되었고 가수 프랭크 시나트라도 피아노 연주를 했다. 이렇듯 사보이 호텔은 많은 사람들의 사랑을 받으며 정치, 사교, 예술 문화의 역사적인 흔적과 시대의 흐름이 묻어 있

호텔 정면에 마주 보이는
아르 데코 스타일의
'사보이(SAVOY)' 간판 글씨체

천으로 된 벽지 위에 걸린
수많은 그림들이 그윽하고
멋진 거실 분위기를 자아낸다

는 곳이다.

또한 오랜 건축의 역사를 대변하듯 세계적으로도 상징적인 건물로 꼽히는데, 이번 공사를 통해 기존의 옛 실내 인테리어 스타일을 고수하면서도 새로운 감각을 더해 세련됨을 강조했다. 사보이 호텔의 인테리어는 20세기 초 에드워디언(Edwardian : 에드워드 7세가 재임한 1900년 초의 왕궁 형식) 시대의 호사스러운 스타일과 1920년대 말 유럽에서 유행한 아르 데코(Art Deco : 1920년경 파리에서 시작된 장식미술과 디자인 양식) 스타일이 특징이다. 이러한 특징은 호텔의 얼굴인 간판 사보이(SAVOY) 글씨체에서도 엿보여 그 자체로 중요한 역사·문화적 의미를 지닌다.

놓칠 수 없는 템즈 포에이의 티타임

육중한 나무로 된 호텔 문을 밀고 들어서면 강한 대비를 이루는 검은색과 흰색 타일 바닥 그리고 화려한 실내 장식이 절묘한 조화를 이루며 압도적인 느낌을 준다. 고풍스러운 인테리어 소품과 가구들 그리고 벽에 걸린 그림들에는 그윽한 기운마저 감돈다. 로비 오른편의 사보이 티(Savoy Tea)는 재건축 때 새롭게 지어진 것으로 다양한 차를 비롯한 수제 잼, 비스킷, 케이크, 초콜릿 등을 판매한다. 이 매장에서는 여느 호텔에서는 볼 수 없는 작은 공간의 초콜릿 작업장이 있어 고객들이 공정을 지켜볼 수 있다.

로비에서 몇 계단을 내려가면 생기 넘치는 호텔의 '심장부'인 템즈 포에이(Thames Foyer)가 한눈에 들어온다. 샹들리에가 늘어진 넓은 홀은 여러 개의 기둥이 떠받치고 있고, 한가운데는 '윈터 가든 가제보(Winter Garden Gazebo)'라는 말 그대로 실내 온실 같은 동양식 정자가 보인다. 바로 그 천장 한가운데의 원형 돔은 기존의 호텔 건물 양식에서 받은 영감을 그대로 살려 완벽하게 복구한 호텔의 수작이다. 이 돔 모양의 스테인드글라스를 통해 쏟아져 들어오는 자연광은 늘 밝은 실내 분위기를 조성해준다. 20세기 초 펼쳐진 사보이 밴드의 라이브 음악 전통은 아직도 그랜드 피아노 연주로 이어지고 있다.

또한 이곳의 유명한 애프터눈 티(afternoon tea)는 오후 1시 반에서 오후 5시 45분까지 제공되는데, 두 종류의 차 세트인 전통 애프터눈 티(traditional afternoon tea)와 전통 하이 티(traditional high tea)는 오후 2시에서 오후 5시 사이에 제공된다. 전통 애프터눈 티는 다양한 샌드위치, 스콘, 마카롱, 케이크 등으로 구성되어 있으며, 좀 더 식사 개념이 강한 전통 하이 티에서는 풍미 있는 샌드위치도 맛볼 수 있다.

전통 애프터눈 티는 40파운드(약 7만 원)이며 전통 하이 티는 멜바 토스트(melba toast : 살짝 토스트한 식빵을 반으로 갈라 다시 한 번 바삭하게 구운 것)와 훈제 연어 등이 포함돼 좀 더 비싸다. 여기에 고가의 샴페인을 한 잔 곁들이면 9만 원이 넘는 호사스런 차 세트와 함께 특별한 오후를 누릴 수 있다. 차 외에도 샴페인, 와인, 커피 등 일반 음료수도 서비스로 나온다. 가장 비싼 샴페인의 한 잔 가격은 무려 85파운드(약 15만 원)이며, 최고가의 차는 모택동 주석이 즐겨 마셨다는 희귀한 '임페리얼 마운틴 실버 니들(imperial mountain silver needle tea)'이다. 부드러운 가을의 과일 맛을 지닌 잘 숙성된 맛의 이 차는 한정된 생산량으로 엄격하게 판매되고 있다.

이처럼 가격이 비싼데도 불구하고 템즈 포에이의 티타임은 워낙 유명하고 인기가 높아 사전 예약은 필수이며 드레스 코드는 '캐주얼 스마트'로 명시된 것을 고려해야 한다. 참고로 모든 가격에는 봉사료 12.5%가 가산된다.

1. '사보이 티' 앞에 선 마틴 치퍼스 셰프 2. 사보이 티에 들어서면 바로 왼쪽 작은 공간에 초콜릿 작업장이 있어 고객들은 바로 옆에서 쇼콜라티에가 일하는 모습을 지켜 볼 수 있다 3. 작업하는 것을 둘러보는 치퍼스 셰프

4. 때마침 디저트를 준비하던 21살의 대회 우승자 알라나(Alannah)
5. 사보이 티에 전시된 초콜릿 작품

수석 페이스트리 셰프, 마틴 치퍼스

사전에 호텔과 수석 셰프에 관한 자료를 미리 읽고 만반의 준비를 했지만, 수석 셰프와의 첫 대면은 은근히 흥분되었다. 템즈 포에이에서 호텔 홍보 담당 매니저 페이스(Charlotte Faith)와 함께 떨리는 마음으로 셰프를 기다렸다. 매니저와 이야기 도중 "안녕하세요?"라는 인사말에 깜짝 놀라 돌아보니 한 셰프가 환하게 웃고 있는 게 아닌가. 자신을 '마틴 치퍼스(Martin Chiffers)'라고 소개한 그는 한국에서 2005년부터 2009년까지, 서울의 인터콘티넨탈 호텔과 하얏트 호텔에서 수석 페이스트리 셰프로 근무했다고 했다. 치퍼스 셰프에게 한국의 「파티시에」 잡지를 보여주니 한국에 있을 때 가끔 사봤다며 잡지 속의 몇몇 낯익은 셰프들을 알아보고 반가워했다.

치퍼스 셰프는 영국 남서부에 있는 콘월(Cornwall) 주의 펜잔스(Penzance) 출신으로 아비 호텔(Abby hotel)에서 주임 셰프(head chef)로 일했던 어머니의 영향을 많이 받고 자랐다. 아비 호텔(Abby Hotel)은 1960년대 세계적으로 유명한 영국인 모델이자 영화배우가 경영한 호텔이다. 그는 방과 후 매일 같이 호텔에서 주인 아들과 놀면서 어린 시절을 그곳에서 보내다시피 했다. 어릴 때부터 간혹 설거지나 달걀을 깨뜨리는 작은 일로 어머니를 돕던 그는 자연스럽게 셰프의 세계로 들어서게 된다.

1984년 어머니의 권유로 콘월 컬리지(Cornwall College) 외식 조리과(catering course)에서 2년간 공부했으며 지난 15년간 아무도 능가하지 못한 탁월한 성적으로 졸업했다. 몇 년 뒤 또다시 런던의 웨스트민스터 킹스웨이 컬리지(Westminster Kingsway College)에서 2년간 페이스트리 상급 과정(advanced pastry)을 공부했다. 참고로 유명한 요리사 제이미 올리버(Jamie Oliver)도 같은 학교 출신이다.

아시아에서 12년, 영국에서 13~14년의 경력을 가진 그는 40대 후반임에도 불구하고 이력서가 무려 10장에 달한다. 이력서는 수많은 수상 경력과 런던의 해러즈 백화점을 필두로 싱가포르, 두바이, 서울 그리고 영국의 최고급 호텔 경력으로 가득 채워져 있어 부러울 정도였다.

치퍼스 셰프의 쉼표 없는 도전

사전 예약된 손님들로 거의 매일 만원을 이루는 템즈 포에이에 당일 예약이란 없다. 연일 240여 명이나 되는 템즈 포에이와 레스토랑 사보이 그릴의 후식 준비는 24명의 페이스트리 셰프들이 도맡아 하는데, 대규모 연회나 행사 때는 무려 천여 명분도 만들곤 해 그는 매우 바쁜 일과를 보낸다. 디저트 메뉴는 밸런타인데이, 성탄절, 로열 웨딩처럼 특별한 행사를 기준으로 자주 바뀌는데 간혹 특별 이벤트도 있어 거의 3개월마다 바뀐다. 치퍼스 셰프는 보통 오전 7시경 출근해 행사에 따라 늦게까지도 일하지만 평균적으로는 하루 10시간 정도 근무하고 연간 24일간의 정식 휴가를 가지며 그 외 공휴일은 쉰다.

동료들 간의 팀워크를 무척 중요시하는 그는 직원을 채용할 때 매우 신중을 기한다고 한다. 물론 지원자는 수준급의 제품을 만들 수 있는 실력을 갖추어야 하지만 그가 제일 우선으로 보는 것은 인격이다. 사실상 돈을 벌어야 하는 것이 지원자들의 주된 목적이겠지만 그는 꼭 유달리 배우고 싶어하는 사람을 찾아낸다. 그런 뜨거운 욕망을 가진 사람은 자기 발전을 위해 노력하는 사람이며, 최고의 셰프가 될 것이라고 확신한다고 한다. 지원자는 먼저 온라인으로 사보이 호텔에서 요구하는 질문에 답하는 인터뷰를 통과해야만 면담 형식의 개인 인터뷰를 할 수 있다. 호텔은 지원자의 인격을 매우 중요시

1. 프랑스 발로나 제품으로 만든 원형 초콜릿 안에는 바나나 패션프루츠 브륄레. 그 옆은
사각 모양의 머랭 젤리, 패션프루츠로 만든 크림, 젤리를 넣고 만든 테이프 모양의 끈 장식과
알갱이들이 흩어져 있다. 이 디저트는 원형 초콜릿 위에 뜨거운 초콜릿 소스를 부어 먹는데 이
때 초콜릿이 터지면서, 안이 드러나 깜짝 쇼가 펼쳐진다 2. 여러 종류의 베리(berry)가 곁들여진
오렌지 셔벗과 장미향이 들어있는 핑크 샴페인 무스 3. 복숭아 맛의 슈납스(Schnapps : 알코올
함량이 32%나 되는 증류주)를 넣어 만든 크림이 든 슈(choux) 4. 다이제스티브 비스킷, 건포도,
아몬드가 들어간 초콜릿 케이크

하며 리더십 테스트와 실기 테스트 등을 거쳐 가장 적절한 인재를 채용한다. 그는 매일 직원 미팅을 하고 셰프들과 커뮤니케이션 미팅으로 정보 전달과 교환, 트레이닝 등 모든 이슈를 다룬다. 짧게는 단 30분이라도 설탕 공예, 초콜릿 등 마스터 클래스를 통해 직원 간의 새로운 기술을 교환하고 업그레이드하는 중요한 시간을 가진다.

사보이 호텔의 스콘 레시피 대 공개

나는 템즈 포에이를 찾는 손님의 피드백이 궁금했다. 스콘 맛에 반한 한 고객은 치퍼스 셰프를 직접 만나서는 "어떻게 이런 맛있는 스콘을 만드냐?"라고 물어 레시피를 가르쳐 줬다고 했다. 나도 얼른 한국의 독자들을 위해 레시피를 공개해 달라고 하니 주저하지 않고 "No problems!"라는 시원한 대답을 했다. 내가 맛있는 스콘의 진짜 비결이 뭐냐고 물으니 그는 대뜸 "Love!"라고 말하며 웃었다. 사랑과 인내를 갖고 만들어야 한다는 스콘. 좋은 맛을 내는 데 가장 중요한 것은 반죽을 아주 조심스럽게 다뤄야 한다는 점이며, 너무 많이 치대는 것도 금물이다. 특히 달걀물 칠(egg wash)을 할 때는 약간의 시간 간격을 두어야 하는데 살짝 말랐을 때 두 번째 달걀물 칠을 해준다. 너무 많이 바른다거나 측면으로 흐르도록 발라서는 안 된다. 달걀물 칠은 노른자 2~3개, 약간의 소금 그리고 한 테이블 스푼(Ts) 분량의 물을 잘 풀어 쓴다.

Savoy Hotel

주소 The Savoy Hotel, Strand, London, WC2R 0EU, England 전화번호 (+44) 020 7420 2668
웹사이트 http://www.martinchiffers.com 이메일 mc@martinchiffers.com

재료 밀가루600g, 베이킹 파우더36g, 소금3g, 설탕108g, 버터100g, 달걀128g, 버터밀크(butter milk)168g, 건포도100g, 달걀물용 달걀 2~3개 * 건포도는 오렌지필이나 레몬필로 대체할 수 있다 * 달걀물 : 노른자 2~3개, 소금 약간, 물 1Ts

1. 반죽은 아주 조심스레 다루고 너무 많이 치대서도 안 된다. 플레인 반죽과 건포도가 든 반죽의 모습. 반죽은 동그랗게 만들어 랩에 잘 싸서 휴지한다 **2.** 커터로 자른 다음 뒤집어 놓는다. 반죽은 60g씩 팬닝한다 **3.** 첫 번째 달걀물 칠하는 모습

4. 달걀물이 마를 즈음 두 번째 달걀물 칠을 한다. 왼쪽의 스콘은 첫 번째 달걀물 칠이 끝나 살짝 마른 상태라 두 번째 하는 것과 비교가 된다 **5.** 오븐에서 구워지고 있는 스콘. 180℃에서 15~20분 정도 굽는데 치퍼스는 20분을 권장한다 **6.** 완성된 스콘. 아주 매끈한 모양이다

The Untold Story

"I love Korea and Koreans! I miss it so much." 수많은 외국 경험 중 한국에서의 생활이 가장 기억에 많이 남는다는 치퍼스 셰프. 그는 한국 문화와 음식을 사랑하는 '한국 마니아'다. 늘 한국이 그리워 언젠가 다시 한국으로 돌아오고 싶다던 그는 현재 한국과 가까운 나라에서 일하고 있다. 일본 도쿄에서 '치퍼스 브랜드 케이크 숍(Chiffers Brand cake shop)'을 열어 새로운 도전을 시작한 것. 최근에는 세계 챔피언 대회를 앞두고 셰프 트레이닝에 전념하고 있다고 한다.

Artisan Bread Organic
몸에 맞는 빵을 디자인하는
아티잰 브레드 오가닉

우리는 옷을 고를 때 자신의 몸이나 이미지에 맞는지 꼼꼼히 따져 본다. 하지만 빵을 고를 때는 내 몸에 맞는 것보다 결국 가장 먹음직스럽게 생긴 빵을 집어 들고 만다. '몸에 맞는 빵을 골라 드세요'라는 문구를 내걸고 사람들이 빵을 선택할 수 있게 만든 곳이 있어서 찾아갔다. 이제는 내 몸에 맞게 디자인된 빵을 만날 볼 시간.

영국의 작은 도시 위츠터블(Whitstable)에 있는 '아티잰 브레드 오가닉(Artisan Bread Organic)' 빵집에서는 조금 특별한 빵을 만든다. 독일인 잉그리드 아이스펠트(Ingrid Eissfeldt) 대표는 "우리는 맛있는 음식이 아닌, 몸에 약이 되는 음식을 먹어야 한다"며 본인이 제빵사는 아니지만 다양한 빵을 연구 및 개발한다고 했다. 그녀는 독일에서 1986년부터 7년간 콘디토라이(Konditorei : 빵보다는 주로 케이크, 초콜릿 등을 파는 숍)를 성공적으로 경영했다. 그런데 당시 고객들로부터 제품과 관련된 알레르기 문의를 많이 받았다고 한다. 그녀는 자연스럽게 이에 대한 깊은 관심을 갖고 공부를 시작하게 되었다. 그 후 영국으로 이주해 폴콘 브로트(Vollkorn Brot), 스펠트(spelt : 밀의 일종), 호밀빵 등을 독일에서 수입 판매했다.

2001년에는 자연 요법을 실천하고 있는, 당시 영국인 남편과 함께 공장을 운영하기 시작해 본격적으로 유기농 빵을 만들면서 친환경(eco-friendly) 농산물에 더욱 큰 관심을 갖게 됐다. 그녀는 다양한 체질을 고려하지 않은 영국 빵을 먹는 것이 솔직히 싫었다고 토로했다. 유제품 알레르기를 가진 엄격한 채식주의자(vegan : 고기는 물론 달걀, 우유도 안 먹는 사람)인 그녀는 셀리악(celiac disease) 환자다.

셀리악이라는 질환은 대부분의 곡물에 들어있는 단백질 글루텐(gluten)을 장 안에서 소화시키지 못해 생기는 만성 소화 장애라는 자가면역 질환의 일종이다. 우리에게 조금 낯선 병명이지만 외국에서는 셀리악을 가진 환자를 흔히 볼 수 있다. 글루텐은 밀가루에 함유된 불용성 단백질로 밀가루에 점성을 주는 중요한 역할을 한다. 그러나 셀리악 환자가 글루텐을 섭취하게 되면 소화불량, 설사, 영양 장애 등을 일으키게 되고 그에 따른 마땅한 치료약이 없어 결국은 빵을 안 먹는 방법밖에 없는 것이다. 이러한 셀리악 환자의 고충을 누구보다 잘 아는 그녀는 사람들이 마음 놓고 빵을 먹을 수 있도록 옷을 디자인하듯 빵도 체질에 맞게 디자인했다.

셀리악 환자들을 위한 글루텐프리 빵

최근 셀리악 환자들을 고려한 여러 가지 글루텐프리(gluten-free) 식품이 증가하고 있다. 글루텐프리 빵도 슈퍼마켓에서 쉽게 구할 수 있다. 밀가루가 들어가지 않은 글루텐프리 빵은 탄력성이 없어 쉽게 부서질 것 같지만 잉그리드가 보여준 공장 제품의 빵들은 의외로 일반 빵과 똑같이 잘 구부려졌다. 한동안은 일반 공장의 밀가루를 썼으나 아무래도 신선도가 떨어지고 쓴맛이 나서 스위스에서 100년 된 맷돌 제분기를 구매했다고 한다. 글루텐프

100년 된 제분기로 20kg 가는데 10여 분이 걸린다. 이 작은 제분기는
글루텐프리 곡물 전용으로 쓰인다

리 곡식은 별도로 작은 제분기로 도정해서 철저히 관리한다. 모든 곡식은 물
론 콩 종류의 껍질까지 필요한 만큼만 빻아 쓴다. 유기농 곡식들을 그날그날
빻는 가장 중요한 이유는 가루의 산화를 방지하고, 신선한 곡물가루로 만든
빵의 맛이 좋기 때문이다.

빵틀에 바르는 스프레이용 오일은 이탈리아산 유기농 올리브 오일을
사용하고, 물은 석회 성분 때문에 정수 기계로 거른 물을 사용한다. 모두 유
기농 제품으로 등록되어 있어 영국의 환경식품농촌부(Defra : Department
for Environment, Food and Rural Affairs)로부터 일 년에 한 번씩 점검을 받
는다. 이 공장에서는 11가지 이상의 글루텐프리 빵과 밀가루가 들어가지 않
는 8가지 유기농 자연식품의 빵을 생산하는데 그 중 스펠트로 만든 빵이 제

일 많이 판매되고 있다고 한다.

또 이스트를 쓰는 대신 독일의 중부 도시 다름슈타트(Darmstadt)에 있는 영양연구협회(The Institute for Nutrition Research)가 개발한 천연 발효제로 빵을 만든다. 글루텐이나 이스트에 알레르기가 있는 사람들을 위해 개발한 천연 발효제는 소화 기능을 돕고 빵 맛을 최대한 살리는 역할을 한다. 여느 혼합물이나 점성 물질을 넣을 필요도 없다. 통밀은 껍질을 깎아내지 않아 겉껍질이 글루텐 형성을 방해해 아무래도 빵 모양이나 질감이 떨어지기 때문에 불필요한 흰 밀가루나 글루텐 가루를 섞게 되는 것이다. 유기농 글루텐 프리인 천연 발효제를 사용하면서 빵으로 굽기에 부적합하다고 알려진 기장, 쌀, 메밀 등은 물론 카사바(cassava) 녹말가루, 메밀가루 등으로 대체한 빵을 만드는 것도 가능해져, 소비자들의 수요가 점차 늘어나는 추세이다.

이탈리아의 한 임상 시험 결과는 발효시간을 오래 둘수록 글루텐 형성이 천천히 이뤄져 셀리악 환자가 소화를 잘할 수 있게 도움을 준다고 발표했다. 잉그리드는 빵 반죽을 오래 치대서 글루텐을 형성시키는 것보다 발효시간을 늘리는 편이 좋다고 말한다. 이렇게 만든 빵은 씹을수록 곡물 특유의 단맛과 고소함이 살아나 '자연으로 돌아간 듯한 빵 맛'이 난다는 것이다.

'착한 빵'과 '나쁜 빵'의 차이

작업장 한편의 선반에 놓여있는, 뾰족한 싹이 튼 스펠트와 호밀에서 마치 요구르트를 만들 때 나는 시큼한 냄새가 났다. 곡식을 밤새 물에 불린 다음 2~3일간 따뜻한 곳에 두고 수분을 주면 싹이 나오는데 이것을 그대로 빵에 넣어 굽는다고 해 놀라웠다. 이렇게 발아된 곡식은 영양가가 월등히 높고 훨씬 부드러워 소화가 잘된다. 발아된 스펠트와 호밀을 넣어 만든 에쎄네

(essene)빵을 직접 썰어보니 새싹과 알곡의 단면이 그대로 드러난 채 전혀 흐트러지지 않았다. 에세네빵을 구우면 오히려 곡물이 굳어져서 살짝 찌면 훨씬 맛있다고 했다. 나도 집에서 쪄 먹어보니 눅눅해진 누룽지처럼 쫀득거리면서 알갱이들까지 씹혀 더욱 고소했다.

잉그리드에게 착한 빵과 나쁜 빵의 차이는 단순했다. 바로 빵에 불필요한 것을 넣었느냐, 안 넣었느냐의 차이. 불필요한 것을 넣지 않아도 건강한 빵을 만들 수 있다는 것이 그녀의 간단명료한 원칙이다. '아티잰 브레드 오가닉' 빵은 유기농 자연식품으로 유제품이 함유되지 않았으며(dairy-free) 잔탄검(xanthan gum)을 절대 쓰지 않는다'는 문구가 빵 공장의 전단이나 홈페이지에 명시되어 있다. 잔탄검에 대해 말문을 연 잉그리드는 무척 흥분했다. 그녀는 글루텐프리 빵을 일반 식품 첨가제인 잔탄검 없이 만들 수 있는데도 잔탄검이 악용되고 있다고 탄식했다. 소비자들은 선택의 여지도 없이 일반 식품에 함유된 잔탄검을 먹을 수밖에 없고 사람들을 병들게 하는 '나쁜 음식' 때문에 마음이 아프다고 했다. 그녀는 백색 가루로 된 잔탄검의 실체를 나에게 보여줬다. 잔탄검 한 수저를 물 한 컵에 넣고 숟가락으로 5분 정도 계속 젓자 뿌연 물이 풀처럼 한순간 질척해졌다. 바로 풀 같은 점성 성분이 빵 속에서 글루텐 역할을 대신하는 것이다. 얼마나 독한지 오븐 트레이를 닦자 찌든 때가 말끔하게 다 없어지고 광까지 났다. 경악할 노릇이었다. 잉그리드는 어떻게 이런 유해 물질을 음식에 쓸 수 있느냐며 분통을 터뜨렸다.

혈액형과 유전형에 따른 빵

잉그리드는 유전형식에 따라서도 빵을 만들었다. 미국의 자연요법 의사 다다모(Peter J. D'Adamo) 박사는 1997년 『4가지 혈액형 다이어트』라는 책을 출간했는데 영양상의 혈액형별 건강 다이어트에 관한 것이다. 그는 대부분의 식품에 들어 있는 단백질 렉틴(lectin)이 소화가 잘 안 되고 신진대사를 방해하는 요인이라고 밝혔다. 이 렉틴에 대한 반응이 혈액형마다 다르기 때문에 혈액형에 따라 렉틴이 들어 있는 식품을 피하는 식사법이나 운동법을 실행하면서 다이어트를 할 수 있다는 것이 그의 이론이다. 더욱이 혈액형이 우리 몸에서 일어나는 각종 면역반응을 작동시키는 항원 및 항체와 연관이 있다는 사실에 논리적 근거를 두고 혈액형별로 체중 증가를 가속하거나 감소시키는 곡식, 즉 음식이 있다는 것이다. 결론적으로 혈액형마다 섭취해야 할 음식이 다르므로 혈액형에 맞는 음식을 먹고 건강을 지키자는 것.

유전형식 다이어트는 유전형식을 6개로 구분하며, 각 유전자형마다 유용한 식품이 있다고 한다. 특정 식품에 속해 있는 유전자형에 따라 몸에 맞는 음식이 다르기 때문에 맞춤형 프로그램을 통해 개개인의 유전자 요인과 몸에 맞는 음식을 먹어야 하는 것이다. 잉그리드는 소비자들이 6개의 유전자형에 맞는 완두콩빵, 쌀빵, 호밀빵, 아마씨빵 등 다양한 빵을 개발하여 소비자들이 자신의 유형에 맞는 빵을 골라 먹을 수 있도록 했다.

아티잰 브레드 오가닉의 철학

아티잰 브레드 오가닉은 쌀, 메밀, 아마씨, 퀴노아(quinoa : 남미 안데스산맥에서 자라는 단백질이 가장 많고 영양가 높은 슈퍼 곡물), 스펠트, 호밀, 발아된 통밀 등으로 빵을 만든다. 빵 포장지에는 다다모 박사의 두 가지 유형별 타입과 각종 비타민, 미네랄 등이 일일 권장량의 15% 이상 함유된 것을 명시했다.

그녀는 내게 빵 만드는 비법 하나를 가르쳐줬다. 반죽 68kg에 굳은 빵

1. 뾰족이 싹이 나 있는 호밀. 밤새 물에 불린 후 2~3일간 따뜻한 곳에서 수분을 준 다음 사용한다 2. 잔탄검으로
틀을 닦자 거짓말처럼 깨끗해졌다 3. 2007년에 내가 재직했던 싸넷 컬리지를 졸업한 게리가 반죽에
굳은 빵을 섞는 모습. 직원들은 특별한 유니폼 없이 티셔츠를 입고 일한다 4. 잘 구워진 빵을
먹기 좋게 잘라 포장하고 있다. 이곳의 빵은 대부분 소포장되어 판매된다

5kg을 넣고 만들면 굳은 빵 껍질이 빵 맛을 좋게 해주고 효소를 더해주는 역할을 한다고 했다. 간혹 제빵사들은 굳어진 빵을 갈아서 반죽에 섞는데 슬라이스된 빵들을 그냥 넣어도 반죽에 잘 섞인다는 것이다. 또한 그녀가 아침 식사로 즐겨 먹는다며 가르쳐준 레시피는 퀴노아 빵과 두부를 으깨 아마씨를 잘 섞은 다음 다시 찜통에 쪄서 먹는 것인데, 맛이 그만이란다. 때마침 구워져 나온 퀴노아 빵에서 밥을 뜯들일 때 나는 구수한 냄새가 퍼져 군침이 다 돌았다. 어찌나 냄새가 좋은지 카메라에 냄새를 담고 싶을 정도였다. 뜨끈한 퀴노아 빵을 처음 맛본 나는 독특한 퀴노아의 향이 진하게 나는 빵 맛에 흠뻑 빠져버렸다.

인터뷰를 마무리하면서 제빵사가 아닌 경영자로서 그녀의 경영 철학이 궁금했다. "빵 공장을 운영하며 상업적인 면보다는 도덕적인 면이 중요하다고 생각한다. 늘 정직함을 우선으로 했기 때문에 성공의 길로 들어선 것 같다"라고 웃으며 대답했다. 또한 "빵을 만드는 사람은 항상 스스로에게 빵을 제대로 만들고 있는지 물어야 하며 무엇보다도 빵의 마스터가 되어야 한다"라고 강조했다.

소비자의 좋은 코멘트를 받을 때가 가장 좋지만 나쁜 코멘트는 더 나은 빵을 만드는 '좋은 약'으로 받아들여 제품 향상에 많은 도움이 된다고 한다. 오랫동안 빵에 쏟아 부은 시간과 노력을 소비자의 만족으로 보상받고 싶다는 잉그리드. 그녀의 사무실 한쪽 벽면에 빼곡히 채워진 빵에 관련된 서적이 마치 그녀의 깊고 오랜 열정을 쌓아 놓은 듯했다.

퀴노아 빵이 구워져서
나오는 모습

영양 만점의 슈퍼 곡물로
불리는 퀴노아

진공 포장된 피자도, 호밀과 스펠트, 두 종류이며
일주일에 2번 만들어 특수 진공 포장된다

Cheddar Cheese in Somerset
체더 치즈의 고향을 찾아 체더에 가다

우리의 식탁에 한껏 풍미를 더하는 치즈. 그 종류만 해도 전 세계적으로 2천여 가지가 넘고, 나라마다 수백이 넘는다. 이 중 세계에 널리 알려진 체더 치즈(Cheddar cheese)가 영국의 체더(Cheddar) 지역에서 만들어진다는 것을 아는 사람은 그리 많지 않다. 300년 전통의 체더 치즈 근원지인 체더. 이곳에서 유일하게 치즈를 만드는 곳인 '체더 고지 치즈 컴퍼니(Cheddar Gorge Cheese Company)'를 찾아갔다.

남서부의 서머셋(Somerset)주에 있는 체더는 6천여 명이 사는 작은 마을이다. 영국 10대 자연경관으로 꼽히는 체더 협곡(Cheddar Gorge)과 고프스 동굴(Gough's Cave)로 유명한 이곳엔 연간 50만 명의 관광객의 발길이 끊이지 않는다. 체더 치즈는 체더 이름에 대해 원산지 명칭 보호를 받지 않아 치즈를 만든 곳과 무관하게 세계 여러 나라에서 생산된다. 그러나 체더 치즈의 원산지는 영국의 체더이다. 체더와 그 주변 마을은 12세기부터 15세기까지 낙농업의 중심부였는데, 초과 생산되는 우유의 운송이 원활하지 않자 해결책으로 장기 보관이 가능한 치즈를 만들었다. 무거운 물체로 눌러 수분을 빼는 기술을 터득해 장기간 치즈를 보관할 수 있도록 한 것이다. 대신에 '서부 지방의 농가 체더(West Country Farmhouse Cheddar)'라는 이름으로 원산지 명칭 보호를 받고, 지금은 정부의 허가를 받은 서머셋 주를 포함한 4개 주 14곳의 치즈 제조회사에 의해 전통적인 제조 방법으로 만들어진다. 정통 체더 치즈는 생유를 저온 살균해 만들며 저온 살균 처리된 우유(pasteurized milk)는 일절 사용하지 않는다. 숙달된 기술과 경험을 가진 기술자가 직접 손으로 만드는 체더 치즈는 대형 공장에서 대량 생산되는 치즈와는 맛이 다르다. 전통적인 체더 치즈는 작은 구멍이 난 모슬린 천에 치즈를 싸서 최소한 6개월 이상의 숙성 과정을 거친 것이다. 수분 함량이 적은 단단한 자연 치즈(natural cheese)는 맛이 도드라지고 향이 입 안에 오래 남는다. 숙성 정도에 따라 3~6개월은 마일드(mild), 6~9개월은 미디움(medium), 9~12개월은 매추어(mature), 12개월 이상은 빈티지(vintage)로 구분한다.

체더 고지 치즈 컴퍼니에서 만난 치즈의 풍미

오전 8시 30분, 이른 아침에 찾아간 체더 고지 치즈 컴퍼니(이하 치즈 컴퍼니). 아침 일찍 도착해야 오전과 오후에 걸쳐 치즈를 만드는 전 과정을 볼 수 있다고 했다. 온갖 치즈들이 진열되어 있는 치즈 컴퍼니 1층 매장을 거쳐 위층 사무실에서 치즈 컴퍼니의 스펜서(John Spencer) 대표와 만날 수 있었다. 영국에서 세 번째로 큰 마켓 세인스버리스(Sainsbury's)의 치즈 바이어였던 그는 영국 최대 우유 회사 유니게이트(Unigate : 현재 Uniq로 명칭이 바뀜)의 마케팅 분야에서 근무했다. 근무 중 그는 치즈가 상품화 가능한 시장이라 판단하여 1982년 첫 치즈 사업을 시작했다. 그 후 치즈와 함께 관광 명소인 체더의 상품성을 확신하고 2003년 치즈 컴퍼니를 인수했다. 치즈 맛을 가장 중요시한 그는 경영뿐만 아니라 치즈 공부도 쉬지 않았다.

3년에 걸친 연구를 통해 치즈 레시퍼는 같아도 주원료인 생유의 성분

1층에 매장이 있고 복도를 따라 가면 뒤편에 작업실과 숙성실이 연결돼 있다.
치즈 컴퍼니 건물 모습

이 매일 다르다는 것을 발견하고 틀에 박힌 방법을 과감히 바꿨다. 힘든 과정이었지만 전통 방법을 토대로 새로운 치즈 제조 기술을 개발해 맛과 질감을 높였다. 그는 고품질 치즈를 만드는 기술을 직원들에게 가르칠 때 많이 힘들었다고 토로했다. "치즈를 만들 때 작은 변화만 줘도 맛이 크게 달라집니다. 그 작은 변화는 금방 눈에 보이지 않고 짧게는 10개월에서 길게는 2년까지 기다려야 결과를 얻을 수 있습니다"는 그의 말이 예사로 들리지 않았다.

치즈 컴퍼니는 그동안 공들인 치즈 맛을 인정받아 영국 치즈 상(The British Cheese Awards)과 로열 배스 앤 웨스트 쇼(The Royal Bath and West Show)에서 여러 번 수상했다. BBC 방송과 이외의 TV 방송에도 다수 출연하고 노르웨이, 독일, 프랑스 등 여러 나라의 전파도 탔다.

치즈 컴퍼니를 인수하고 나서 오래 전부터 고프스 동굴에서 치즈를 숙성시킨 사실을 알게 된 스펜서는 즉시 새 프로젝트를 추진해 2006년 5월,

1. 작업장으로 가는 복도에는 치즈 만들던 옛날 기계와 자료 사진 등을 전시해 작은 박물관 같다. 기계를 손으로 돌려 치즈를 압축시키는 기계는 1900~1920년에 쓰던 것이다 2. 고프스 동굴 입구 정경. 동굴은 체더 마을 도로변에 있다

케이브 치즈(cave cheese)의 상품화에도 성공했다. 그는 도보로 10분 거리인 동굴 치즈 저장실로 나를 안내해줬다. 이 동굴을 발견한 사람의 성을 딴 '고프' 동굴은 길이가 2km가 넘지만 입구부터 820m까지만 일반인에게 공개된다. 동굴을 한참 걸어 들어가자 왼쪽 한편의 높은 곳에 있는 저장실이 조명을 받아 아주 근사하게 보였다. 금방 만든 치즈는 부서지기 쉽기 때문에 숙성실에서 10~12주를 저장한 다음 동굴 숙성실로 옮겨지는데, 400여 개의 치즈가 동굴 저장실에서 숙성 중이었다. 저장실의 습도는 치즈 효소가 성장하는 데 매우 중요한 역할을 한다. 기계로 작동하는 작업장의 숙성실 습도는 92~93%이지만 동굴은 100%의 습도를 유지한다.

동굴에서 11~12개월 숙성한 독특하고 풍부한 맛의 케이브 치즈 190g

의 가격은 약 8천6백 원 정도이다. 스펜서는 동굴에서 숙성된 치즈들이 저장실 사용료를 두둑이 내고 있다며 웃었다. 그는 고프스 동굴에 온 사람들이 던지는 재미난 질문을 귀띔해주었다. "동굴 안의 치즈 저장실은 그냥 전시용인가?" 혹은 "이 치즈는 어디서 만드나?" 그는 이런 질문을 받을 때면 "당연히 여기 체더에서 만들지!"라고 대답한다며 쾌활하게 웃었다. 그의 설명을 듣기 전까지 나 역시 그렇게 물어봤을 것 같아 한참 웃었다.

체더 치즈 만들기

치즈 제조 과정을 보기 위해 탈의실에서 가운, 헤어 캡, 덧신을 착용한 다음 손을 깨끗이 씻고 작업실에 들어갔다. 스펜서는 작업 중이던 치즈메이커 앤디 패튼(Andy Paton)을 소개했다. 나는 그가 혼자서 이 모든 치즈를 만든다는 사실에 놀라지 않을 수 없었다. 그는 오전 7시 15분에 출근해 오후 5시까지 치즈를 만든다. 20년 전 치즈 컴퍼니에 입사한 그는 애초에 치즈를 잘라 포장하는 일을 했으나 어느 날 치즈메이커가 결근하는 바람에 치즈 만드는 작업을 도왔던 것이 계기가 되어 마흔 중반에서야 제조 기술을 배웠다고 한다. 그는 이곳에서 14년째 치즈를 만들고 있지만 아이러니하게도 치즈를 먹지 않는다. 그와 함께 한 생생한 치즈 만들기, 그 모든 과정을 소개한다.

1. 생유에서 응고까지

매일 오전 8시경이면 체더의 초원에 방목해 키운 고품질 젖소의 생유가 작업장으로 배달된다. '좋은 생유가 좋은 치즈를 만든다'는 치즈 컴퍼니의 변함없는 철칙이다. 생유 250 l 가 파이프를 통해 2.75m 크기의 통에 채워지는 것이 치즈 만들기의 첫 단계. 통에 채워진 생유를 적정 온도인 40℃에서 45분간 데운 다음 스타터 배양(starter culture : 젖산균을 키우는 작업)한 것을 넣는다. 스타터 배양은 생유에 들어있는 설탕 성분인 유당(lactose)을 젖산(lactic acid)으로 바꿔 생유를 산성화시키는 역할을 한다. 다음은 레닛 (Rennet : 송아지 4번째 위 점막에서 채취하는 효소제)을 넣는 중요한 단계 이다. 레닛에 들어있는 단백질 분해 효소인 펩신(pepsin)은 응고 작용을 통해 생유를 고체인 응유(curd)와 액체인 유장(whey)으로 분리한다. 물에 희석한 레닛을 생유에 골고루 부어주고 나서 기계로 3분 동안 빠른 속도로 저어 섞으면 작은 거품이 생긴다. 기계가 젓는 동안 패튼은 바닥에 침전물이 생기지 않도록 실리콘으로 된 기다란 갈고리로 저었다. 얼마 후 생유는 부드러운 순두부 같은 반고체 상태의 응유가 되었다.

2. 응유 자르기

유장이 표면 위로 떠오르자 패튼은 자르는 도구를 들고 긴 통을 오가면서 한 번은 수직으로 두 번은 수평으로 조심스럽게 응유를 잘랐다. 응유를 잘게 자를수록 유장이 많이 제거되어 수분 함량이 달라지고, 자르는 방법에 따라 치즈의 질감과 맛도 달라진다. 몇 시간에 걸친 응유와 유장의 분리가 완전히 끝나면 유장은 통 아래 파이프를 통해 빼낸다. 치즈를 만들면서 유일하게 버리는 유장은 외부에 있는 저장 탱크로 옮겨져 돼지 사료로 쓰인다.

3. 특이한 체더링 작업

10여 분 남짓 걸려 유장이 다 빠지고 큰 통에 150kg 가량의 작은 알갱이 상태인 응유가 남자, 패튼은 응유를 커다란 쿨러(cooler)에 부삽으로 일일이 퍼 옮겨 담았다. 그리고 미지근한 상태인 응유에 체더링(cheddaring)이라는 수작업을 시작한다. 쿨러에서 굳어진 응유 덩어리를 크게 등분해 자르고

1. 알갱이 상태의 응유는 쿨러에서 큰 덩어리로 굳어진다. 유장이 잘 빠질 수 있게 가운데에 물길을 내놓는다. 체더링 하는 것을 지켜보는 스펜서 2. 덩어리를 크게 자른 뒤 뒤집어서 엎어 놓는다 3. 응유의 부피가 많이 줄어든 게 보인다. 작업실은 전면 유리로 돼 있어 방문객들은 복도에서 공정 과정을 볼 수 있다. 연간 4천여 명 정도의 방문객이 찾아온다

몇 번을 반복해가면서 갈수록 작게 자른다. 자른 응유를 켜켜이 쌓고 다시 뒤집어서 엎어 쌓는 작업을 몇 차례 되풀이하는 동안 유장은 계속 빠져 나간다. 이러한 과정을 통해 마지막으로 30~40cm 길이로 자른 응유는 부피가 현저히 줄고 납작해진다. 이처럼 체더링은 응유를 자르고 쌓아 올린 후 다시 뒤집어 쌓는 과정을 반복하면서, 응유 자체 무게로 눌러 유장이 서서히 빠져나가도록 하는 수고로운 작업이다. 대형 치즈 공장에서는 체더링을 기계로 하기 때문에 100% 수작업으로 만드는 치즈와 그 질감을 비교할 수 없다고 한다. 묵묵히 체더링을 거듭하던 패튼은 한 번도 허리를 제대로 펴질 않았다. 큰 키를 구부려가며 일하는 그의 등이 참 많이 굽어 있었다.

4. 소금 뿌리기

체더링이 끝나자 약간 누런 빛이 도는 치즈와 비슷한 외형을 갖춘 응유 덩어리들이 모습을 드러냈다. 패튼이 반으로 잘라 보여 준 응유의 단면은 마치 익힌 닭 가슴살 같았다. 찢어진 듯한 결이 보이는 상태가 응유를 잘게

자르기에 적합한 시점으로, 긴 덩어리를 한 개씩 분쇄기에 집어넣는다. 잘게 잘린 응유에 소금을 골고루 뿌리고 양손으로 들어 올려가며 고루 섞는다. 소금은 치즈를 응고시키는 중요한 역할을 하며 소금의 양에 따라 치즈 맛, 수분 함량 그리고 질감이 달라진다. 또한 젖산의 형성을 돕고 미생물 번식을 억제해 보존제 역할을 하며 숙성할 때 건조 과정을 촉진해 외피 형성에 도움을 준다. 치즈가 짭짤한 이유는 치즈 만들 때 꼭 필요한 소금 때문이다. 이때 허브나 향신료 등 여러 재료를 같이 넣어 다양한 맛을 만들기도 한다. 현재 치즈 컴퍼니는 13종류의 치즈를 생산한다.

5. 눌러주기

패튼은 응유에 소금을 뿌리고 나서 3가지 치즈 재료인 사이더(cider : 사과를 발효시켜 만든 술), 말린 차이브(chive : 실파 종류), 마늘을 각각 넣어 골고루 섞었다. 먼저 스테인리스 원통 안에 파란 망사로 된 부드러운 천을 깔고 응유를 부삽으로 떠서 가득 채웠다. 모두 6개의 원통마다 플라스틱 흰 뚜껑을 덮어 압축 기계에 넣어 18시간 동안 누르면 유장이 계속해서 빠지고 응유 알갱이들은 압축되어 둥근 치즈 모양이 된다. 패튼은 전날 압축 기계에 넣은 원통 몇 개를 꺼내 작은 테이블 위에 엎어 파란 천을 벗겼다. 치즈 덩어리를 기다란 천 가운데에 두고 양 끝을 들어 올려 뜨거운 물에 정확히 60초 동안 집어넣어 치즈 외피의 온도를 올린다. 한 번 누른 치즈는 겉면이 부드럽지 않아 재차 압축시켜 겉면을 완벽히 매끈하게 한다. 다시 파란 천으로 치즈를 싸서 원통에 집어넣고 18시간에 걸쳐 두 번째 눌러주기 작업을 한다.

6. 옷 입고 꼬리표 달기

기계에서 36시간 동안 압축한 원통을 꺼낸 패튼은 작은 테이블 위에

1. 파란 망사로 된 부드러운 천을 스테인리스 원통 안에 깔고 양념한 응유를 부삽으로 퍼 담는다 2. 누르는 기계에 집어넣는 모습. 앞에 보이는 통 틀은 전날부터 압축되고 있는 것들이다

3. 손으로 바른 라드가 굳어진 게 보인다. 숙성실에 갓 들어온 신참 치즈. 라드가 선반에 들러붙지 않게 바닥에 부드러운 천을 깔아주고 나중에 치즈를 뒤집어 주기 시작할 때 뺀다 4. 곰팡이 꽃이 한창 핀 치즈. 무게와 제조 날짜를 단 꼬리표를 달고 있다. 대부분의 치즈 무게는 약 25kg 정도 나간다

뒤집어엎은 채로 내리쳐 통 안에 꽉 낀 치즈를 힘들게 빼냈다. 치즈에 들러붙은 파란 천을 벗기고 전통 방법에 따라 흰 모슬린으로 치즈를 두 번 돌려 감아 싼다. 치즈가 숙성하는 동안 모슬린 천의 구멍을 통해 치즈는 숨을 쉬는 것이다. 모슬린으로 감을 때 물을 뿌려가면서 손바닥으로 일일이 문질러 모슬린이 치즈 겉면에 잘 들러붙게 한다. 모슬린 옷을 입은 치즈는 세 번째이자 마지막으로 눌러주기가 끝난 다음에 라드(lard : 흰 고체인 돼지기름)로 코팅을 한다. 라드는 치즈에 금이 가거나 쉽게 건조되는 현상을 막아주며 외피를 형성해 치즈를 보호한다. 긴 시간에 걸쳐 완성된 치즈는 제각각 제작 날짜와 무게가 적힌 꼬리표를 달고 패튼의 손을 떠나 숙성실로 옮겨진다.

7. 숙성된 치즈로 탄생

스펜서와 숙성실에 들어서자 곰팡이 꽃이 뒤덮인 치즈와 라드를 바른 수백 개의 치즈가 선반마다 빼곡했다. 습한 공기와 치즈에서 나는 퀴퀴한 냄새가 확하니 풍겨왔다. 숙성실의 온도는 10℃ 내외이며 습도는 92~93% 정도로 낮게 유지해야 치즈 외피가 건조해지는 것을 방지하고 균일하게 치즈가 숙성된다. 치즈의 수분 함량은 질감과 숙성에 커다란 영향을 미친다. 매주 정기적으로 치즈의 위치를 위아래로 뒤집어야 곰팡이가 고루 자라면서 숙성된다. 라드를 바르고 10주 정도 지나면 외피에서 곰팡이가 피기 시작하고 수분이 증발해 건조해진 치즈의 중량이 두드러지게 줄어든다. 외피에서 자라는 곰팡이 홀씨(spore : 무성 생식하기 위해 형성하는 생식 세포)를 오래 내버려두면 내부로 뚫고 들어가 자라기 때문에 정기적으로 외피를 솔질하고 손바닥으로 문질러 안으로 퍼지지 않도록 해야 한다. 치즈가 숙성되는 수개월 동안 맛, 색깔, 질감 그리고 냄새가 형성돼 풍부한 향과 맛을 지닌 치즈가 탄생한다.

치즈에 대한 스펜서의 연구는 아직도 계속되고 있다. 치즈를 라드로

1. '영국 치즈 상' 대회에서 금상을 받은 '케이브 치즈' 2. 매장의 한쪽 바에는 13가지의 치즈 샘플을 맛볼 수 있고 치즈뿐만 아니라 치즈 칼, 접시, 치즈에 어울리는 과자 등을 함께 판매한다

코팅하는 것을 버터로 대체하는 연구가 한창 진행 중이며 성공하면 채식주의자용 치즈를 출시할 예정이라고 한다. 스펜서는 자신의 사업에 대해 '최대 중점은 오로지 품질 향상'이라는 그의 소신을 밝히고 헤어질 때 '체더 치즈는 체더에서 만든다'는 것을 기억해 달라고 당부했다.

체더 치즈의 맛은 고품질의 생유를 데우기 시작하여 숙성이 끝날 때까지 만들어진다. 손맛이 빚어낸 체더 치즈는 입에서 녹는 맛이 아닌 씹히는 듯한 색다른 질감과 입안에 남는 뒷맛이 깊다. 패튼의 치즈 만들기는 핸드메이드 치즈의 진수였다. 나는 그 뒤로도 한동안 치즈만 보면 패튼의 굽은 등이 떠올랐다.

Cheese Company

주소 The Cheddar Gorge Cheese Company, The Cliffs, Cheddar, Somerset BS27 3QA England
주소 (+44) 01934 742810 **웹사이트** www.cheddargorgecheeseco.co.uk
매장 오픈 연중무휴, 10:00a.m~5:00p.m **방문자 센터(작업실 견학)** 10:00a.m~3:25p.m

Cake Boy Eric Lanlard

영국의 프랑스인 스타 셰프 에릭 랜라드

명성 있는 페이스트리 셰프, TV 프로그램의 MC, 페이스트리 책의 저자, 케이크 카페 겸
스튜디오의 경영자. 프랑스인 마스터 파티시에 에릭 랜라드(Eric Lanlard)의 이름 앞에 붙는
기다란 수식어들이다. 그의 나이 40대 초반. 벌써 화려한 수식어로 온몸을 휘감았지만, 여전히
그의 눈빛에는 소년의 야망이 그대로 담겨 있었다. 런던 템즈 강변, 그의 멋진 케이크 카페
'케이크 보이(Cake Boy)'에서 스타 셰프, 에릭 랜라드를 만났다.

　

2013년 3월, 에릭의 쿠킹 시리즈 〈베이킹 매드 위드 에릭 랜라드(Baking Mad with Eric Lanlard)〉를 채널 4(channel 4)에서 매일 30분씩 4주 동안 방영했다. TV 방송 채널 4는 제이미 올리버(Jamie Oliver), 고든 램지(Gordon Ramsay), 헤스튼 블루멘탈(Heston Blumenthal) 등 영국의 내로라 하는 유명 셰프들이 진행하는 요리 프로그램을 방영한다. 에릭은 이미 2009 년도에 〈글래머 푸즈(Glamour Puds : 매력적인 푸딩)〉라는 TV 쿠킹 쇼를 처음 진행했었다. 2012년 4월에 이어 새로 시작한 두 번째 시리즈 〈베이킹 매드 위드 에릭 랜라드〉는 그가 직접 달콤한 케이크와 페이스트리를 만드는 쇼였는데, 그야말로 시청자들을 '열광(mad)'하게 만들었고 나 역시 그 중 한 사람이었다. 그의 나이 40대 초반, 셰프로서 더 없는 성공을 이룬 그에게 아직도 이루고 싶은 꿈이 남았을까?

에릭의 집 부엌에서 진행된 〈베이킹 매드 위드 에릭 랜라드〉의 한 장면

꿈을 굽던 프랑스 소년 에릭

에릭의 고향은 프랑스 북서쪽의 작은 도시 캉페르(Quimper)이다. 그는 어린 시절 유명한 '르 그랑데(Le Grande)'의 쇼케이스에 진열된 케이크를 매일 구경하며 언젠가 멋진 케이크를 굽겠다는 꿈을 키웠다고 한다. 룩셈부르크에서 쇼콜라티에 견습생으로 일한 그는 군 복무를 위해 프랑스로 돌아가 해군 군함에서 페이스트리 셰프로 일했다. 군함에 승선한 미테랑 대통령은 에릭이 만든 디저트를 먹고 감탄해 와이셔츠 커프용 금 단추를 답례로 선물했다. 18개월간의 군복무를 마친 후 에릭은 1989년 프랑스인 형제 셰프, 알버트 루(Albert Roux)와 미셸 루 시니어(Michel Roux Senior)가 경영하는 런던의 미슐랭 스타 레스토랑인 르 가브로쉬(Le Gavroche)에서 5년간 주임

1. 매장 전면에 진열된 페이스트리와 케이크. 서 있는 손님의 뒤편이 카페다
2. 귀여운 컵케이크들

페이스트리 셰프로 경력을 쌓았다.

그리고 마침내 1995년, 에릭은 첫 개인 사업으로 '라보라투아르 2000(Laboratoire 2000)'을 시작해 다양한 제품을 런던의 최고급 백화점 포트넘 앤 매이슨(Fortnum & Mason)과 하비 니콜스(Harvey Nichols)에 납품하면서 관심을 받게 된다. 유명 인사에게 주문받은 첫 케이크는 데이비드 베컴의 큰아들, 브루클린의 첫 번째 생일 케이크. 그 외에도 엘리자베스 여왕 어머니의 101세 생일 케이크와 2000년에 결혼한 가수 마돈나, 세계적인 모델 클라우디아 쉬퍼 등 세계적인 스타들과 명사들의 웨딩케이크를 만들었다. 마돈나는 자신의 웨딩케이크로 크로캉부슈(croquembouche : 프랑스 전통 웨딩 케이크)를 주문해 스코틀랜드까지 직접 공수해갔다. 이렇게 멋진 그의 케

1. 다채로운 모양과 색감을 가지고 있는 페이스트리
2. 고객이 주문한 '케이크 보이 애프터눈 티 세트'. 고급스러운 티 세트는 1인당 30파운드(약 5만 원)

이크는 전 세계 유명 인사들의 입맛을 사로잡으며 선풍적인 인기를 끌었다. 또한 그는 권위 있는 영국 베이킹 어워드(British Baking Awards)에서 주는 올해의 유럽 파티시에(Continental Pâtissier of the Year)에서 두 번이나 수상하는 영광을 누렸다.

그는 자신의 책에서 '부모님이나 친척들 중 누구도 페이스트리와 관련된 직종에서 일하지 않았다'고 밝혔다. 다만 그의 어머니가 매주 토요일마다 가족을 위해 놀랄 만큼 훌륭한 점심을 만들었으며, 그는 어머니가 준비한 주말 정찬은 '요리의 대서사시(culinary odyssey)'를 보는 것 같았다고 회상했다. 그는 유년 시절에 가족으로부터 음식을 사랑하는 법을 배웠으며, 자신의 분야에 대해 배우고자 하는 열망이 크다 보니 뭐든 쉽게 배울 수 있었다고 한다.

부티크 스타일의 '케이크 보이'

에릭을 만난 3월의 마지막 토요일, 템즈 강가의 고급 아파트 단지 안에 있는 케이크 보이는 손님들로 가득 차 있었다. 나는 스태프 사이에 흰 셰프 자켓을 입고 주방에서 바쁘게 일하는 에릭의 뒷모습을 발견하고 흠칫 놀랐다. '잘나가는 셰프'라는 이미지가 앞서서인지 약속 시간에 근사한 차림새로 고상하게 나타날 것이라 생각했던 나는 열심히 일하고 있는 그의 모습을 보는 순간 너무 부끄러웠다. 한동안 일손을 놓지 못하던 그는 양해를 구하고 남은 일을 마저 끝냈다. 나는 그를 기다리는 동안 매장 이곳 저곳을 돌아보았다.

전체적으로 블랙 컬러로 단장한 실내는 오렌지, 핑크, 블루 컬러로 벽면 곳곳에 대담하게 포인트를 주어 한껏 세련되고 멋스러웠다. 또한 블랙 테이블과 오렌지, 핑크색의 모던한 가죽 의자를 매치해 더욱 세련된 분위기를 연출한 부티크 스타일이어서 인상적이었다. 매장 전면은 통유리로 되어 있어 실내가 밝고 넓어 보였다. '베이킹 매드 위드 에릭 랜라드' 프로그램의 세트장이기도 했던 스튜디오는 파란색으로 산뜻하게 한쪽 벽면을 강조해 멋진 분위기를 자아냈다.

그는 베이킹 코스와 초콜릿 코스를 일 년에 10여 회 토요일에 가르친다. 2시간짜리 수강료는 95파운드(약 17만 원)이며 오전 9시 반에서 오후 4시 반까지 하는 코스는 250파운드(약 45만 원)이다.

그의 프로그램은 한국(모 케이블 방송에서 그의 쿠킹쇼를 방영한 적이 있다)뿐만 아니라 호주, 남미, 남아프리카와 스칸디나비아 3국 등에서 방송됐으며 그는 명실공히 세계적인 파티시에로 자리매김하고 있다.

다크초콜릿 '돔 케이크(Dome Cake)'. 프랄리네(praliné : 설탕과 헤이즐넛을 넣고 조려 굳힌 후 잘게 부셔 가루를 낸 것)를 바닥에 깔고 그 위에 프랄리네를 넣어 만든 초콜릿 무스를 올려놓았다

Cake Boy

주소 Unit 2, Kingfisher House, Battersea Reach, Juniper Drive, London, SW18 1TX
전화 번호 : (+44) 020 7978 5555 **웹사이트** : www.cake-boy.co.uk **트위터** : @eric_lanlard

1. 레몬과 유자로 맛을 낸 레몬 타르트. 유자의 상큼한 맛이 아주 좋았다. 레드커런트, 블루베리와 딸기를 올리고 금박으로 고급스럽게 마무리했다. 케이크마다 어울리는 쿨리스(coulis : 과일에 설탕을 넣고 조려 거른 소스)를 접시에 뿌려 서빙한다 2. 블루베리 무스 케이크. 신선한 블루베리를 무스 위에 올리고 앙증맞은 케이크 보이 로고로 장식했다 3. 완성된 생일 주문 케이크. 장미로 장식한 밀크 초콜릿 케이크이다

Q. 페이스트리 셰프가 된 특별한 이유가 있는지 궁금하다.

A. 어릴 때부터 뭔가 아름답게 만드는 것을 좋아했고 아름다운 것에 빠져 페이스트리 셰프가 되고 싶었다. 7살 때 처음 케이크를 만들었고, 18살에 정식 트레이닝을 받았다. 30세가 되었을 때는 나한테 맞는 일을 하고 있다고 확신했고 아직도 파티시에로 일하는 것이 아주 흥미롭다.

Q. 1989년 런던으로 와서 루(Roux) 형제의 레스토랑 르 가브로슈에서 일을 처음 시작했다. 프랑스를 떠나 영국을 선택한 특별한 이유가 있는가?

A. 인턴십 때 알게 된 셰프가 늘 "어디론가 떠나라"고 말했다. 그의 조언대로 미국, 영국을 비롯한 17개국을 여행하고 영어도 배웠다(참고로 20년 넘게 산 그의 영어는 매우 유창하다). 당시 루 형제에게 스카우트되어 영국으로 오게 됐다. 첫 사업은 1995년에 시작했다.

Q. 유명 인사들이 당신의 고객이다. 가장 기억에 남는 케이크는 무엇인가?

A. 제일 자랑스럽고 아끼는 케이크는 단연 엘리자베스 여왕 어머니의 101세 생일 케이크이다. 첫 사업을 할 때 '포트넘 앤드 메이슨 백화점'에 컵케이크 등을 만들어 공급했는데 로열 패밀리들이 맛을 본 모양이었다. 여왕의 어머니께서는 대단한 미식가셨다. 윌리엄 왕자는 초콜릿과 산딸기 케이크(chocolate & raspberry cake)를 좋아한다. 왕궁으로 직접 생

검정 테이블에 오렌지와 핑크색의 모던한 의자들이 세련된 카페 분위기를 연출한다

일 케이크 배달을 갔었는데 일정에도 없이 여왕 어머니를 직접 만나 황홀했다. 생일 케이크는 모자 모양으로 만들어 꽃을 장식했고, 개를 좋아하는 그분을 위해 작은 왕관을 쓴 개 두 마리를 케이크 위에 올렸다.

Q. 케이크의 가격은 대략 얼마나 하는가?
A. 웨딩케이크는 700~1,500파운드(약 120~270만 원)이며 가격은 다양하다.

Q. 독자들에게 맛있는 케이크를 만드는 자신의 노하우를 가르쳐 줄 수 있는가?
A. 첫째는 좋은 재료로 맛있는 스펀지를 만드는 것이다. 나는 버터만 사용한다. 솔직히 마가린을 사용하는 사람들한테 충격을 받았다. 둘째는 데커레이션이다. 하지만 멋진 외관보다 케이크의 속이 더 중요하다. 속재료를 잘 채워 넣어야 한다. 마지막으로는 만들다 실패하면 다시 만드는 것이다. 오로지 연습만이 성취의 비결이다.

Q. 스튜디오 겸 케이크 카페로 꾸민 '케이크 보이'의 공간이 무척 특이하다. 이곳에서의 하루 일과는 어떻게 되나?
A. 케이크 보이는 2005년에 오픈했고 내가 10살 때부터 꿈꿔왔던 곳이다. 가장 바쁜 토요일은 새벽 5시부터, 주중은 오전 6시에서 오후 6시까지 일한다. 직원 한 명과 단 둘이서

주문 케이크와 숍에서 판매하는 제품을 만든다. 매장 직원은 7명이다.

Q. 당신은 자신의 꿈과 야망을 다 이룬 듯하다. 자신이 어떻게 성공했다고 생각하는가?
A. 나눔(share)이다. 나는 나만의 레시피와 노하우를 동료들과 나누며 서로 용기를 북돋운다. 나 혼자만의 성공이 아닌, 같이 성공한다는 생각으로 살면서 열심히 일했고, 지금도 열심히 일한다. 내가 성공한 이유는 스스로 성공하길 기원했고, 열의를 가지고 일했기 때문이라고 생각한다.

Q. 파티시에로 성공하고자 하는 사람들에게 좋은 조언을 부탁한다.
A. 첫째, 좋은 인턴십을 해라.
둘째, 기초를 튼튼하게 다져라.
셋째, 떠나라. 세계 여러 곳을 다니면서 기술을 배워라.
넷째, 새로운 것을 배우고 자꾸 변화시켜라. 인생은 절대 지루하지 않다.
다섯째, 프랑스 사람들은 옛 것을 고수하는 경향이 있다. 하지만 나는 자주 변화해야 한다고 생각하며 케이크를 만들 때도 디자인을 수없이 바꾼다.

Q. 꿈을 다 이루었는가, 아니면 아직도 못 이룬 꿈이 있는가?
A. 나는 늘 아이디어와 도전 정신으로 가득 차 있다. 앞으로 하고 싶은 게 있다면 아시아나 아프리카를 방문해 케이크 만드는 것을 직접 실연해 보이고 싶다. (활짝 웃으며) 언젠가 갈 날이 있지 않겠나.

The Untold Story

에릭은 인터뷰가 끝나자마자 바로 시작하는 쿠킹 코스 때문에 서둘러야 했다. 그는 바쁜 와중에도 원하는 케이크를 먹어보라고 했다. 클래스를 진행하는 동안에도 케이크 맛이 어떤지 물어보며 세심한 배려를 아끼지 않았다. 그는 먹는 것보다 만드는 것을 좋아하고 단 것을 즐기지 않는다고 했다. 그래서일까, 그가 만드는 케이크는 '달콤한 케이크'이기보다 입에서 녹는 맛이었다. TV에서 보기와는 달리 수줍음이 많았던 에릭 랜라드. 아직도 도전하기를 두려워하지 않는 그는 마스터 파티시에 '에릭 보이'다.

Poilâne in Paris
프랑스의 전설적인 빵집, 푸알란

세계에서 가장 맛있는 빵집으로 알려진 파리의 푸알란(Poilâne). 올해로 81년째 빵을 굽는
푸알란의 전통은 계속되고 있다. 대중적인 빵인 바게트 하나 만들지 않고 오직 장작불 오븐에
빵을 굽는 고집을 꼿꼿이 지켜온 곳. 기계로 대량생산되는 수많은 빵 속에서도 푸알란의
장작불은 꺼질 줄 모른다.

많은 제빵사들은 좋은 밀로도 형편없는 빵을 만들 수 있다는 것을 알
지 못한다. 제빵의 비법은 어떻게 재료를 다루고 반죽을 발효시키는가에 있
다. (그러나 안타깝게도) 이러한 방법들은 잊혀졌다. ―리오넬 푸알란

"What many bakers don't realise is that good wheat can make
bad bread. The magic of bread baking is in the manipulation and the
fermentation. What has been lost....is this method." - Lionel Poilane

대로변도 아닌, 한적한 길가에 위치한 푸알란 빵집은 자칫 잘못하면
무심코 지나칠 정도로 작다. 눈에 띄는 간판 하나 없이 매장 입구 양 옆 유리

1. 푸알란의 외관
2. 푸알란 이니셜 'P'가 멋들어지게 새겨진 미슈 빵

창에 하얀색으로 쓰여 있는 'Poilâne'이라는 빵집 이름이 고작이다. 빨간 벽
돌로 촘촘하게 쌓아 올린, 극히 수수한 외장은 초창기 때의 모습 그대로 바
뀐 게 없다. 작은 매장 안에 가구라곤 입구 정면의 카운터와 양 벽면에 세워
진 나무 선반들이 전부이다. 입구 왼편의 선반 위에는 푸알란 이니셜 'P'가
멋들어지게 새겨진 큼지막한 둥근 빵들이 빼곡히 진열되어 있다. 몇 종류의
빵과 페이스트리가 양쪽 진열장의 선반을 채울 정도로 소박하기만 하다. 푸
알란의 명성만큼 엄청난 규모의 매장을 기대했다면 그것은 크나큰 오산이다.

특히 프랑스를 상징하는 기다란 막대기 모양의 바게트와 흰 빵이 없다는 것도 주목할 만하다.

전통 프랑스 빵은 약간 눌려 찌그러진 듯한 공 모양의 '불(boule: 불어로 공을 의미함)'이다. 불과 유사한 푸알란 빵은 전통 방식으로 만들어 둥글고 크며 빵 껍질이 두껍고 장작불에서 구운 냄새가 나는 깊은 맛이 있다. 세계적으로 인정 받은 전통의 푸알란 빵, 미슈(miche). 이보다 세상에 더 잘 알려진 빵이 있을까?

전 세계가 사랑하는 푸알란 빵, 미슈

나는 사람들이 왜 푸알란 빵에 흠뻑 빠져있는지 궁금했다. 푸알란의 홍보 매니저 브리에르는 "그것은 푸알란의 각별한 맛"때문이라며 "어느 누구도 따라할 수 없다"라고 단호하게 답했다. 푸알란을 대표하는 가장 많이 알려진 빵은 미슈(miche : 둥근 빵을 뜻함), 혹은 푸알란 빵(pain Poilâne)이며 빵의 무게는 1.9kg이다. 빵반죽의 재료는 사워 도, 맷돌에 간 밀가루, 물, 그리고 프랑스 북서부 브르타뉴(Breatagne) 반도에 있는 게랑드(Guérande) 염전에서 생산되는 꽃소금이다. 밀가루는 통밀의 밀기울을 10~20% 제거한 150타입(Type 150)으로 일명 회색밀가루(grey flour)를 사용한다. 매장 한편에서는 1kg 작은 봉투에 담은 게랑드소금을 판매하고 있으며 가격은 3.60유로(약 5천3백 원)이다.

사워도로 만든 미슈데코레(miche décoré)는 장식용 빵으로 손으로 하나하나 장식모양을 만든다. 빵 장식은 계절에 따라 매달 특정한 테마가 바뀌며 원하는 글, 이름, 날짜 등을 사전에 주문할 수 있다. 장식을 떼어낸 빵은 먹을 수 있으며 2kg짜리 가격은 22.25유로(약 3만4천 원)이다.

1. 매장 내부
3. 커다랗게 썬 달콤한 사과가 들어있는 애플 타르트.
버터 향이 고소한 페이스트리가 바삭하게 씹힌다. 가격은
2.40유로(약 3천6백 원)이며 4, 6, 8인용도 만든다

2. 매장 한편에 각종 빵과 선물용품들이 진열되어 있다
4. 직사각형으로 만든 브리오슈

직사각형의 사워도 호밀빵은 그리스산 건포도가 들어가고 굴, 생선, 훈제 연어와 아주 잘 어울린다. 특히 블루 치즈(blue cheese : 숙성 중인 치즈 속을 꼬챙이로 찔러 그 안에 공기 중의 곰팡이가 들어가 자란 파란 곰팡이가 핀 치즈)를 빵에 곁들여 와인을 한 잔 마시면 최고라며 브리에르는 엄지손가락을 추켜 세웠다.

24% 이상의 호두가 든 호두빵과 건포도를 넣어 만든 호밀빵은 5mm 두께로 얇게 써는 것이 이상적이며, 2~3일간 두고 먹을 수 있다. 그 외의 빵들은 5일 정도 상온 보관이 가능하다. 빵 종류는 다양하지 않지만 빵의 80%는 사워도로 만든다. 빵을 얼릴 때는 크게 썬 덩어리일수록 좋으며 3개월 가량 냉동 보관할 수 있다.

리오넬 푸알란은 누구인가

1932년 프랑스 북서부의 노르망디 출신의 젊은 제빵사 '피에르 푸알란(Pierre Poilâne)'은 파리로 이주해 셰르슈미디 거리(rue du Cherche-Midi)에 빵집을 연다. 피에르는 다양한 빵과 바게트를 만드는 여느 빵집과 달리 프랑스 전통 사워도 빵만을 구웠다. 그는 맷돌에 빻은 밀가루를 사용하여 손으로 빚은 천연 발효된 빵 반죽을 장작불로 지핀 오븐에 굽는 것이 빵을 만드는 최선의 방법이라고 확신했다. 제2차 세계대전을 겪으며 흑빵을 먹어야 했던 프랑스인들은 전쟁 후 전통 빵보다 흰빵을 선호했다. 하지만 피에르는 오히려 미슈의 장점에 주목했다. 사워도로 만드는 미슈는 장기 보관이 가능하고 빵을 크게 슬라이스 할 수 있기 때문이었다. 이런 전통빵에 대한 강한 집념 덕분에 당시 근방에 있던 다섯 군데 빵집 중 푸알란만이 오늘날까지 그 자리에 유일하게 남아 있다.

2대 '리오넬 푸알란'은 14살 때 아버지에게 제빵 기술을 배우기 시작했다. 그리고 25세가 되던 1970년, 뇌졸중으로 고생하는 아버지로부터 빵집을 물려받아 아버지가 빵을 만들고 굽던 옛날 방식 그대로를 지켜나갔다. 맷돌에 빻은 밀가루, 게랑드의 천연 소금 그리고 장작불 오븐, 이 3가지 조건은 지금껏 변함이 없다. 리오넬은 밀가루 생산 과정부터 기계 다루는 법까지 빵 만드는 기술을 열성적으로 배웠다. 리오넬은 양이 아닌 빵의 품질을 더 중요시하며 좋은 품질의 빵을 만들기 위해 늘 최고의 재료를 찾았다. 또한 빵을 만드는 기존의 최고 기술과 새로운 방식을 복합해 스스로 '복고풍 혁신(retro-innovation)'이라고 불렀으며 이것이 오늘날 푸알란 성공의 초석이 되었다. 1980년대에 이르러 파리 두 곳에 있던 푸알란 빵집은 점점 늘어나는 빵의 수요를 감당해 내지 못했다. 리오넬은 건축 설계 디자이너인 부인 이레나(Iréna)와 함께 대책을 구상했다. 그들은 파리에서 15km 떨어진 작은 마을 비에브르(Bièvres)에 장작 오븐을 똑같이 만들어 24시간 가동하는 작업장을 세웠다. 비에브르 마을에 있는 작업장의 오븐에서는 하루 8천여 개 빵이 구워져 나온다. 브리에르는 일정한 온도의 기계 오븐에서 굽는 빵이 아니다 보니 약간 탄 듯한 빵들이 있다고 덧붙였다.

여행을 좋아하고 런던을 사랑한 리오넬은 프랑스 외에 분점을 낼 계획을 세우던 중 2000년 6월, 최초로 런던 벨그라비아(Belgravia) 지구에 분점을 열고 사업을 확장했다. 분점을 내면서 장작불 오븐을 설치하는 허가를 받는 데 거의 2년이라는 시간이 걸렸다. 동일한 빵 맛을 내기 위해 모든 재료는 프랑스에서 가져온다.

전 세계인이 사랑한 빵을 만들던 리오넬의 비극은 어느 날 갑자기 찾아왔다. 헬기를 몰고 가던 리오넬이 짙은 안개로 북부 브르타뉴의 한 연안에 추락해 부인과 함께 57세의 나이로 사망한 것이다. 2002년 10월 31일, 리오

1. 장식용 빵 미슈 데코레 (Miche Décoré). 장식은 계절의 특정한 테마에 따라 매달 바뀐다. 2kg짜리 가격은 22.25유로(약 3만4천 원)이다 2. 바삭하게 구워진 빵 껍질과 빽빽하게 들어찬 미슈의 단면

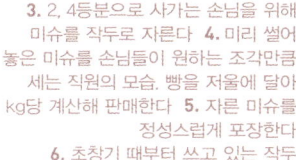

3. 2, 4등분으로 사가는 손님을 위해 미슈를 작두로 자른다 4. 미리 썰어 놓은 미슈를 손님들이 원하는 조각만큼 세는 직원의 모습. 빵을 저울에 달아 kg당 계산해 판매한다 5. 자른 미슈를 정성스럽게 포장한다 6. 초창기 때부터 쓰고 있는 작두

넬의 비극적인 사고 소식에 프랑스는 비탄에 잠겼고 총리는 애도 성명을 발표했다. 그리고 유자녀 중 당시 19세였던 큰딸 아폴로니아(Apollonia)가 하버드 대학 재학 중에 푸알란을 경영해야 했다. 그녀는 연간 1천5백만 달러(약 171억 원)였던 2001년의 매출을 부모의 사망 후 4년이 지난 2006년, 1천7백90만 달러(약 204억 원)로 끌어올렸다. 한편 집안 분쟁으로 리오넬의 형 막스(Max)는 독자적으로 파리 3곳에 '막스 푸알란(Max Poilâne)'이라는 이름으로 빵집을 운영하고 있다.

꺼지지 않을 푸알란의 장작불

푸알란 신조의 첫 번째는 양보다 질이다. 많은 양의 빵이 아닌, 고품질의 빵을 만든다는 정신. 그리고 두 번째는 미래를 위한 혁신이 전통적인 것에서 시작한다는 것이다. 푸알란은 오랜 전통의 제빵 기술을 기반으로 현대 기술과 균형 잡힌 혁신을 꾀하며 빵 맛을 지키고 있다. 15년 넘게 근무하며 인쇄물 하나 없이 인터뷰 때마다 직접 말로 전달한다는 브리에르 역시 자신도 올드 패션(old fashion)이라며 밝게 웃었다.

브리에르와 인터뷰하는 도중 미팅 룸에 있던 두 가지에 눈길이 쏠렸다. 바로 사방에 빼곡히 걸려 있는 빵 관련 그림들과 천장에 매달린 특이한 빵 모양의 샹들리에였다. 벽면을 가득 채운 그림들은 1950년대 배고픈 화가들이 그린 작품이라고 했다. 당시 가난한 무명 화가들은 이곳에 찾아와 자신의 그림을 주고 빵을 얻어 갔다. 피에르도 그들에게 빵과 관련된 그림을 그려 달라고 했다.

샹들리에에는 더욱 흥미로운 이야기가 담겨 있었다. 나는 독특하게 생

1. 무명 화가들이 그린 빵 그림들 2. 달리 얘기를 하면서 푸알란 책을 펼쳐 보이는 홍보 매니저 브리에르. 사진 속에 리오넬이 만든 샹들리에와 침대가 보인다

친구 달리를 위해 리오넬이 만든 샹들리에가 걸려 있는 미팅룸

초창기 푸알란 모습

긴 샹들리에가 소금 반죽(salt dough : 밀가루, 소금, 물로 만든 반죽으로 모형을 만든 후 오븐에 구운 장식용 빵 재료)으로 만든 줄 알았다. 하지만 그것은 장식용이 아닌 실제 빵으로 만들어진 것이었다. 브리에르가 보여준 푸알란에 관한 두툼한 책에는 리오넬과 살바도르 달리(Salvador Dali : 스페인의 초현실주의 화가)의 사진이 실려 있었다. 1년에 두 번씩 파리를 방문하며 리오넬과 친구처럼 가깝게 지냈던 달리는 리오넬에게 여러 가지 기발한 부탁을 했다. 1969년에 빵으로 새장을 만들어 달라고 했고, 1971년에는 기둥이 4개 세워진 침대를 비롯해 침실 가구를 빵으로 만들어달라는 부탁을 하기도 했다. 리오넬은 달리가 원하는 모든 작품을 빵으로 완성했다. 그때 만들어진 샹들리에가 지금의 미팅룸에 2년마다 한 번씩 새로 만들어져 걸리는 것이다. 예술가 친구 달리의 엉뚱한 아이디어에서 시작된 리오넬의 푸알란은 예술 작품으로 다시 한번 탄생하게 된 것이다. 이러한 예술 작품을 간직한 미팅룸은 손님들이 들여다볼 수 있도록 늘 문을 활짝 열어둔다.

푸알란 빵이 탄생한 지 올해로 81년째. 3대손 아폴로니아는 한 인터뷰에서 "푸알란 오븐의 장작불은 절대 꺼지지 않을 것"이라고 말했다. 그녀의 말처럼 전통을 고집하는 푸알란의 빵 맛은 오래도록 변하지 않을 것이다. 푸알란은 손으로 빚어 장작불에서 완성되기까지 빵을 만드는 물리적 과정의 마술을 믿기 때문이다.

Poilâne

주소 Poilâne, 8 rue du Cherche-Midi, 75006 Paris, France
전화 (+33) 1 44 39 26 59 웹사이트 www.poilane.com
매장 오픈 일요일 휴무. 7:30a.m~7:30p.m

M A C A R O O N

Macaron of Ladurée
마음을 훔치는 마법의 마카롱, 라뒤레

눈으로 먹는 달콤한 유혹, 마카롱. 알록달록 다채로운 색깔로 단장한 마카롱은 20세기 최고의 맛있는 '발견'이다. 수많은 마카롱 중 독보적인 위치를 차지하고 있는 150년 역사의 '라뒤레(Ladurée)'. 4월의 어느 민트빛 봄날, 라뒤레의 26살 난 페이스트리 최고 책임자, 빈센트 르망(Vincent Lemains)을 만나 작지만 위대한 마카롱의 세계에 흠뻑 빠졌다.

크리스마스를 앞둔 겨울 어느 날, 파리에서 며칠을 보내면서 라뒤레의 마카롱이 떠올라 샹젤리제에 있는 매장에 들렀다. 개선문을 뒤로 한 채 샹젤리제 거리를 약 10분간 걷다 보니 오른쪽에 화사한 민트색 건물이 한눈에 들어왔다. 매장 안에 들어서자마자 사람들이 길게 꼬리를 물고 서 있어 깜짝 놀랐다. 런던의 라뒤레 매장에서는 경험하지 못한 진풍경이었다. 온통 대리석인 기다란 쇼케이스 상판에는 마카롱을 비롯한 각종 케이크, 페이스트리, 과자 등이 가지런히 진열돼 있었다. 마치 근사한 궁전에 들어선 것 같은 다이아몬드형의 대리석 바닥과 황금색 천장 그리고 창가의 높은 기둥과 화려한 벽장식이 눈길을 끌었다.

1. 오전 9시의 매장은 한산해 사진 찍기 좋았다. 쇼케이스 앞에 세워진 여신들이 받쳐 든 불 켜진 등과 황금색으로 칠한 천장과 빈틈없는 화려한 벽장식 인테리어가 호사스럽다 2. 한 손에 장갑을 끼고 마카롱을 담는 모습 3. 대리석 상판 한편에 진열되어 있는 초콜릿이 담긴 상자들. 금색 테두리의 액자에 가격이 표시되어 있다 4. 벽에 걸려 있는 핑크, 민트색의 포장 리본으로 상자를 예쁘게 묶어준다

나는 꼬박 25분을 기다려 8종류의 마카롱을 샀는데, 한 개에 1.75유로(약 2천5백 원)였다. 바로 내 앞의 손님은 무려 90유로(약 13만 원)나 구매해서 주눅이 다 들 정도였다.

Since 1862, 라뒤레 마카롱

동그란 마카롱은 거품 낸 흰자에 아몬드파우더, 설탕 등으로 만든 반죽을 저온의 오븐에 구운 가벼운 과자의 일종으로, 그 자체를 '마카롱 셸(shell : 껍데기)'이라고 부른다. 마카롱 셸은 바깥 부분은 바삭하면서도 안쪽은 쫄깃한 식감이 중요하며, 그 사이에 부드러운 감촉의 가나슈(ganache : 끓인 생크림에 잘게 다진 초콜릿을 섞어 만든 초콜릿), 버터크림, 혹은 잼을 발라 맞붙이면 서로 다른 질감이 어우러져 특별한 맛을 낸다. 마법처럼 사람들의 입맛을 훔쳐가는 조그만 마카롱. 한입에 먹기보다는 야금야금 베어 물면 입 안에 향이 가득 차면서 사르르 녹아내린다. 너무 달지 않고 적당히 달착지근한 맛에 기분까지 좋아져 그 자리에서 몇 개는 뚝딱 먹을 수 있다.

20세기에 등장한 마카롱은 150년 역사의 라뒤레를 대표할 뿐만 아니라 프랑스의 '홍보 대사'와 다름없다. 1862년 제분소 주인이자 작가였던 남서부 프랑스 출신의 루이 에르네스트 라뒤레(Louis-Ernest Ladurée)는 파리에 한 빵집을 짓는다. 그러나 프랑스 제4차 혁명 때 일어난 반란으로 1871년에 빵집이 모두 타버린다. 그래서 같은 장소에 다시 페이스트리 숍을 여는데 당시 인테리어를 맡은 화가 쥘 셰레(Jules Chéret)가 건물 정면에 칠한 민트색이 오늘날까지 라뒤레의 상징적인 색으로 남아 있다. 그 후 프랑스의 올더 그룹(Groupe Holder)이 1993년, 라뒤레 첫 번째 매장을 인수한다. 현재 회장인 다비드 올더(David Holder)는 1997년 오픈한 샹젤리제 매장을 비롯해 파리에 여섯 군데 분점을 두고 있으며 천여 명의 직원이 라뒤레에서 일하고 있다.

2005년에는 첫 해외 진출로 영국 런던에 분점을 냈고 현재는 우리나라와 중동을 비롯한 세계 20여 개국 이상에서 라뒤레의 마카롱을 맛볼 수 있다. 라뒤레의 마카롱은 전 세계 어디에서나 그 맛이 같다. 'Les Incroyables(믿을 수 없는)'이라는 특별한 칭호를 가진 마시멜로 맛은 5종류. 이 중 2개의 마시멜로 맛을 포함한 총 15종류의 마카롱은 고정적으로 출시돼 항상 맛볼 수 있으나 그 외는 계절 과일로 변화를 준다.

프랑스 마카롱과 이탈리아의 마카룬(macaroon)

프랑스의 마카롱(macaron)과 이름이 비슷해 자주 혼동되는 작고 동그란 이탈리아 과자 마카룬. 마카롱과 마카룬은 이탈리아어로 '마케로네(maccarone 혹은 maccherone: 파스타의 일종인 마카로니. 으깨다라는 단어의 기원)'에서 파생되었다. 요리 사학자들은 9세기에 이탈리아의 한 수도원에서 최초로 마카룬이 유래되었다고 주장하기도 하지만, 1533년 프랑스의 앙리 2세 왕과 결혼한 이탈리아 태생의 카트린 드 메디시(Catherine de' Medici) 왕비와 얽힌 또 다른 유래도 있다. 왕비는 이탈리아의 음식 문화와 식사 예절을 프랑스로 들여온 장본인으로도 잘 알려진 인물이다. 그녀는 결혼 당시 이탈리아의 수도사인 요리사들을 프랑스로 함께 데려갔는데 이때 마카룬이 첫선을 보인 것으로 추측된다.

한편 18세기 프랑스 혁명 때 프랑스 북서쪽의 낭시(Nancy)로 도피한 성 베네딕도회 두 수녀가 집세를 마련하기 위해 마카룬을 만들어 팔았으며 '마카룬 자매'라는 애칭으로 통했다고 한다. 오늘날 낭시는 '낭시 마카룬' 혹은 '마카룬 자매의 마카룬'이라는 이름으로 원조 마카룬을 파는 유명한 도

1. 1871년에 빵집이 모두 타버린 후 같은 장소에 다시 페이스트리 숍을 여는데
당시 인테리어를 맡은 화가 쥘 셰레가 건물 정면에 칠한 민트색이 오늘날까지
라뒤레의 상징적인 색으로 남아 있다 2. 진열된 색색의 마카롱

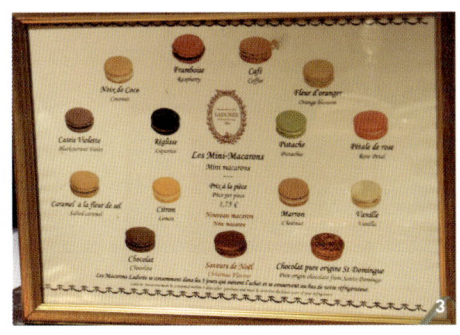

3. 손님들이 보기 쉽게 마카롱의 이름을 불어와 영어로 표기해 쇼케이스에 세워 두었다
4. 25개들이 마카롱의 가격은 약 6만5천 원

시이기도 하다. 1725년 로버트 스미스(Robert Smith)의 요리책에 등장한 마카룬 레시피는 가장 오래된 기록으로 전해지고 있다. 동그랗게 구워낸 달콤한 머랭(meringue) 과자에 불과했던 마카룬은 1930년 루이 에르네스트 라뒤레의 둘째 사촌인 피에르 데퐁텐(Pierre Desfontaines)에 의해 새로운 형태로 변신하게 된다. 그는 마카롱 셸에 달콤한 가나슈를 발라 2개를 맞붙이는 최초의 아이디어를 냈다. 이렇게 탄생한 라뒤레 마카롱의 오리지널 레시피는 지금까지도 변함없이 이어지고 있다.

라뒤레의 형형색색 마카롱을 엿보다

라뒤레는 마카롱 셸을 만들 때 이탈리아 방식의 머랭을 사용한다. 머랭은 만드는 방법에 따라 이탈리아, 프랑스 그리고 스위스 머랭으로 구분된다. 이탈리아 머랭은 거품 낸 달걀흰자에 120℃로 끓인 설탕 시럽을 조금씩 부어가면서 휘핑하여 만든다. 흰자가 뾰족하게 세워질 정도로 단단해질 때까지 충분히 저은 다음 천연색소를 넣어야 색이 고르게 잘 입혀진다. '눈'으로 먹는다고 해도 과언이 아닌 라뒤레의 미묘한 색깔. 그만큼 마카롱의 발색 작업은 맛만큼이나 중요하다. 이탈리아 방식의 머랭을 고집하는 이유는 마카롱을 구웠을 때 유달리 겉면이 반질반질하게 광택이 돌며 윤기가 흐르기 때문이다.

아몬드는 미국 캘리포니아 산을 사용해 끓는 물에 살짝 데쳐 껍질을 벗긴 다음 갈아서 사용한다. 체에 곱게 내린 아몬드파우더와 슈거파우더를

마카롱 셸 양면 전체에 금박을 씌운다. 주문 판매만 가능하며 주문량에 따라 다르지만 적어도 이틀 전에 예약을 해야 한다. 가격은 한 개당 3.70유로(약 5천4백 원)

1. 왼쪽 아래는 장미 잎과 산딸기로
장식한 이스파한(Ispahan) 마카롱. 속재료로
로즈 워터(rose water : 증류수에 장미 잎을
넣어 만든 특유의 향이 나는 물) 크림, 산딸기,
리치(litchi)를 넣어 만든다. 뒤편으로는
딸기와 마스카르포네(mascarpone) 타르트
2. 레몬, 커피, 산딸기 등의 마카롱 중 왼쪽에서
두 번째가 딸기와 사탕 맛이다. 마카롱 셀 표면에
설탕 결정체가 붙어 있는 것이 보인다
3. 커피 마카롱을 장식으로 곁들인 앙트르메
마카롱 커피(entremets macaron cafe) 케이크.
커피 맛 크림으로 속을 채우고 부드러운
커피 글레이즈로 케이크를 마무리했다. 사이즈는
6인용으로 가격은 5만8천 원이며
사이즈는 10인용까지 다양하다

생생한 장미 잎을 장식한 장미 & 산딸기
생토노레(Rose Raspberry St. Honoré)

머랭에 섞고 마지막으로 라뒤레만의 노하우를 살짝 곁들인다. 일정한 크기의 마카롱 셸을 만들기 위해서 트레미(trémie)라는 깔때기 모양의 기계 투입구에 마카롱 반죽을 넣은 다음 짜낸다. 베이킹 트레이를 가볍게 내리쳐 마카롱 반죽의 기포를 빼주고 155°C 오븐에 18분간 굽는다. 마카롱은 수작업으로 일일이 파이핑 백으로 셸 한 면에 속재료를 짜 넣은 다음 셸로 덮는다.

라임과 바질, 오렌지와 생강, 딸기와 양귀비 씨, 아몬드, 레몬 등 수많은 종류의 마카롱은 색을 보면 맛과 향을 느낄 수 있을 정도로 뛰어난 색감을 보여준다. 완성된 마카롱은 완벽한 질감과 맛이 우러나올 수 있도록 이틀 후에 판매한다.

맛의 '혁명'을 일으킨 셰프와의 랑데부(rendezvous)

라뒤레에서는 두 명의 젊은 셰프가 제품 개발 전선에서 뛰고 있다. 그 중 페이스트리 최고 책임자인 르망 셰프는 매해 8~12개의 새로운 마카롱을 개발하고 있다. 그는 마카롱의 전통적인 속재료인 가나슈에서 벗어나 마시멜로 필링을 개발해 마카롱 맛의 '혁명'을 일으켰다. 이례적으로 26세라는 나이에 페이스트리 최고 책임자로 발탁된 기발한 아이디어의 소유자, 르망 셰프. 스위스의 작업장을 분주히 드나드는 그의 일정 때문에 어렵게 인터뷰를 잡았다. 샹젤리제 거리의 라뒤레 2층에서 그를 만났다.

Ladurée

주소 Ladurée, 75 Avenue des Champs Élysées, 75008 Paris, France
전화 (+33) 1 40 75 08 75 웹사이트 www.laduree.com

A. 본인 인생의 커다란 전환점이 되었던 알랑 뒤카스(Alain Ducasse) 셰프에 대한 이야기가 궁금하다. 세계적으로 유명한 '르 루이 15세(Le Louis XV)' 레스토랑에서 3년간 일하게 되었을 때, 뒤카스가 왜 본인을 스카우트했다고 생각하는가?

Q. 어릴 적부터 뒤카스 셰프의 인품과 그의 요리 세계를 사랑한 열렬한 팬이다. 면접할 때 뒤카스 셰프가 어디서 일하고 싶냐고 물어 "나를 훈련시키고 가르치면 어디든지 가겠다"고 대답했다. 맨 처음 이탈리아 피렌체의 라 트라토리아(La Trattoria) 레스토랑에서 일한 후, 부주방장으로 발탁돼 르 루이 15세에서 근무하기 시작했다. 그리고 3년 후에는 차석 페이스트리 셰프가 되었다(참고로 뒤카스 셰프는 현재 미슐랭 가이드(Guide Michelin : 세계 최고 권위의 레스토랑 평가지)에서 주는 미슐랭 스타 21개를 보유하고 있다. 르 루이 15세 레스토랑은 2005년에 최고 랭킹인 미슐랭 스타 3개를 받은 세계 최고의 레스토랑이다.

A. 언제부터 라뒤레에서 일하게 되었고 왜 라뒤레를 선택하게 되었는가?

Q. 르 루이 15세 레스토랑에서 3년간 일한 후 뒤카스 셰프가 런던의 도체스터 호텔(Hotel Dorchester)에서 일하기를 권유했다. 동시에 라뒤레의 주임 페이스트리 셰프, 앙디유(Philippe Andieu)가 팀에 들어오라는 제안을 했다. 일류 레스토랑에서 일했지만 아직 경험해 보지 못한 페이스트리 세계를 경험하고 싶어 라뒤레로 결정했다.

A. 앙디유 셰프와 일한 지 3년이 지난 후 앙디유 셰프는 라뒤레를 떠났다. 그 후 본인이 개발한 특별한 페이스트리나 마카롱은 어떤 것들인가?

Q. 알려진 대로 앙디유 셰프는 무척 재능 있는 셰프이다. 그와 함께 일하면서 많은 것을 배울 수 있었다. 라뒤레에 오래도록 남을 만한 아몬드 맛의 메다이온 타르트(medallion tarte), 퍼프 페이스트리로 만든 초콜릿 맛이 나는 코롤라(corolla) 등을 개발했다. 마카롱의 속재료로 쓰인 전통적인 가나슈, 버터크림, 잼을 대신한 마시멜로를 개발한 것이 가장 획기적이었고, 그 중 딸기 맛은 현재 가장 많이 판매되고 있다.

A. 페이스트리 셰프는 총 몇 명이며 어떤 구조로 운영되나?

Q. 최고 생산 책임자인 베르니 셰프의 책임 하에 약 150여 명의 셰프가 있다. 나는 연구 개발부에 소속된 두 젊은 셰프와 함께 새로운 이미지의 마카롱과 페이스트리를 연구 및 개발한다. 아주 자신만만하고 열정적인 두 셰프와 같이 일하는 것이 무척 즐겁다.

A. 왜 라뒤레의 마카롱이 유명한가? 다른 브랜드의 마카롱과 다른 점은 무엇인가?

Q. 라뒤레는 '마카롱 마니아(macaron mania)' 현상을 이끌었다고 해도 과언이 아니다. 이는 라뒤레만이 만들어내는 탁월한 맛 때문이라고 생각한다. 그 맛의 진가는 일찍이 인정받았으며, 고급스러운 상자도 성공하는 데 큰 몫을 했다고 본다.

A. 완벽한 마카롱을 만드는 비결이 무엇이며 단계별 과정 중 무엇이 가장 중요한가?

Q. 무엇보다도 흠잡을 데 없는 재료의 선택이다. 예를 들면 최고 품질의 캘리포니아산 아몬드, 특출한 맛을 지닌 베네수엘라와 가나산 코코아, 마다가스카르산 바닐라와 프랑스의 중부 도시 부르고뉴(Bourgogne)에서 자란 블랙커런트(blackcurrant : 까막 까치밥나무 열매) 등을 구입해 쓴다. 마카롱을 만들 때 중요한 3가지 중 첫째는 이탈리아식 머랭을 만드는 것이며, 둘째는 마카롱 반죽을 손으로 만들기 때문으로 셰프의 뛰어난 감각이 마카롱 셸의 품질을 좌우한다. 마지막으로 마카롱 셸의 굽는 오븐 온도와 시간이 중요한데 우리는 155℃에서 18분간 굽는다.

A. 다양한 맛의 마카롱이 있는 것으로 안다. 몇 종류나 되고 어떤 맛이 가장 인기 있는가?

Q. 지금까지 개발한 맛은 60여 가지가 넘으며 그 중 18개는 계절에 따라 다양하게 나온다. 특히 장미꽃잎 맛이 나는 페탈 드 로제(pétale de rose)는 매우 성공적이었으며 여성 고객들에게 인기가 높다. 이런 것이 독보적인 라뒤레의 맛이라 할 수 있다.

A. 마카롱의 속재료 맛은 어떻게 개발되는지 말해 줄 수 있나?

Q. 계절감, 경향, 전체적인 맛을 결정한 다음 경영진과 셰프들이 함께 논의한다. 마카롱 셸의 색깔은 맛과 완벽하게 일치해야 하기 때문에 다양한 종류의 천연색소로 색을 내는 실험을 단계적으로 한다. 셸이 완성되면 '다듬기 작업'에 들어간다.

A. 어떤 맛의 마카롱이 가장 비싸며 가격은 얼마인가?

Q. 순수한 초콜릿 맛의 쇼콜라 오르(chocolat or : 황금 초콜릿)이다. 마다가스카르, 콜롬

비아, 베네수엘라의 북부해안에 있는 작은 마을 츄아오(Chuao) 원산지인 초콜릿으로 만든다. 양면에 금박 장식을 하는 기존 마카롱과 달리 한쪽에만 금박을 씌운다. 주문 판매만 가능하며 주문량에 따라 다르지만 적어도 이틀 전에 예약해야 한다. 가격은 한 개에 3.70 유로(약 5천4백 원)이다.

A. 마지막으로 페이스트리 셰프를 꿈꾸는 사람들에게 좋은 조언을 부탁한다.
Q. 열정을 가져라. 열정 없이 성공할 수 있는 기회는 주어지지 않는다.

2층에 위치한 살롱 파에바(Salon Paeva). 라뒤레 매장과 오픈 시간이 같다. 주중에는 오전 7시 30분, 주말에는 오전 8시 30분에 문을 열어 아침 식사를 할 수 있으며 자정 넘어서도 문을 닫지 않아 저녁 식사도 가능하다. 아침 식사 가격은 1층의 라 베리에와 같다

아틀리에에 전시된 프랑스 예술가 시린 파르파(Syrine Farfar) 작품

미각을 깨우는 맛의 예술가, 피에르 에르메

프랑스의 파티시에 피에르 에르메(Pierre Hermé). 그의 페이스트리 세계는 예술에 비견될
만하다. 패션 잡지 보그의 음식 비평가 제프리 스타인가튼(Jeffrey Steingarten)은 그를
'페이스트리의 피카소'라고 평했고, 프랑스 주간지 파리 마치(Paris Match)는 그의 음식이
'페이스트리의 아방가르드(Avant-Garde)'라고 격찬했다. 그를 대변하는 수식어들은 다른
설명이 필요 없을 정도. 마카롱의 예술가이자 맛의 마술사라 불리는 피에르 에르메 셰프를
만나기 위해 파리에 있는 그의 아틀리에를 찾았다.

에르메는 프랑스 북동부 알자스(Alsace)에서 태어나 4대째 빵집을 하
는 집안에서 성장했다. 프랑스의 페이스트리 대가 가스통 르노트르(Gaston
Lenôtre) 셰프 밑에서 만 14세에 수습생으로 출발한 그는 르노트르를 가
장 큰 영향을 받은 스승이라고 회고했다. 26세가 되던 해, 미식가의 전당 포
숑(Fauchon)에서 수석 페이스트리 셰프로 11년간 근무했다. 그 후 라뒤레
(Ladurée)에서 2년간 컨설턴트로 일했는데, 1996년 라뒤레가 샹젤리제 매장
을 열 때 브랜드 이미지 전략에 관여했다. 1998년에 라뒤레를 떠난 그는 자
신의 이름을 상호로 내걸고 일본에 진출했다. 라뒤레와의 계약상 파리에서
매장을 오픈할 수 없었기 때문에 아시아 시장을 겨냥한 것이었다. 도쿄의 뉴
오타니 호텔(New Otani Hotel)에 첫 페이스트리 숍을 연 지 2년 만에 도쿄

디즈니 리조트에 있는 쇼핑몰 익스피어리(Ikspiari)에 두 번째 매장을 성공적으로 열었다. 거꾸로 외국에서 명성을 날리다 마침내 2001년에 파리로 화려하게 입성해 패션가 생 제르망 데 프레(Saint Germain Des Prés)에 첫 매장을 열었다. 2004년 파리에 두 번째 부티크를 열었으며 현재 파리에만 9개, 일본에 9개, 런던에 2개의 매장을 두고 있다. 에르메는 가장 어린 나이로 올해의 프랑스 페이스트리 셰프(France's Pastry Chef of the Year)로 지명되기도 했다.

완벽한 천재 셰프 피에르 에르메

프랑스 마카롱의 쌍벽을 이루는 라뒤레와 피에르 에르메. 이 두 곳의 마카롱은 제각기 오묘한 맛의 궁합으로 사람들의 입맛을 사로잡는다. 덕분에 마카롱 애호가들은 어느 곳이 최고인지 비교하며 행복한 고민에 빠진다. 마카롱의 평가에 대해서는 개인의 취향에 따라 의견이 분분하다. 나는 맛을 창조하는 '완벽한 천재 셰프'라는 극찬을 받는 피에르 에르메의 마카롱은 무엇이 어떻게 다른지 궁금하지 않을 수 없었다.

어느 인터뷰에서 에르메는, 자신의 창의력을 인정받는 데 가장 커다란 기여를 한 것이 마카롱이었다고 술회했다. 에르메는 생각지도 못한 기발한 맛의 궁합을 찾아낸다. 바닐라와 올리브오일, 초콜릿과 깨소금, 심지어는 발사믹 비네거 혹은 파르메산 치즈(parmesan cheese) 등을 이용한 수많은 종류의 맛을 고안했다. 그는 매년 12월, 11개의 한정판 마카롱을 새롭게 선보여 매달 한 개씩 출시한다. 2013년에는 레 자르뎅(Les Jardins : 정원) 컬렉션을 출시했다. 그래서 그곳에 가면 늘 어떤 새로운 맛이 나왔을까 기대하게 만든다.

과연 그의 창조적인 영감의 원천은 무엇일까? 그는 자신의 아이디어가

1. 맨 앞이 장미 맛 마카롱. 버터, 설탕, 달걀,
장미 향 등을 넣어 만든 장미 버터크림 속재료가
넉넉히 들어간다. 중앙은 버번 커피(Bourbon coffee)
맛 마카롱. 커피는 레위니옹(Reunion : 동아프리카에
위치한 프랑스령 섬) 산이다. 맨 뒤는 초콜릿과
훈연 소금 맛의 마카롱. 레 자르뎅(Les Jardins : 정원)
컬렉션 중 10월에 출시된 마카롱이다
2. 상큼한 요거트와 산딸기 맛, 두 가지 색깔의
마카롱 셸 **3.** 맨 왼쪽부터 베네주엘라 산 다크 초콜릿,
베스트셀러인 밀크 초콜릿과 패션 프루트(passion
fruit), 재스민 꽃과 재스민 차, 살구와 피스타치오
맛 마카롱 **4.** 카미유 셰프가 만들어 보인 순수한
포셀라나 초콜릿 맛 마카롱. 속재료를 파이핑한 다음
얇은 초콜릿 조각을 뿌리고 셸을 살짝 눌러 덮었다.
초콜릿에 소금을 넉넉히 뿌려 짭짤하고 달콤한 맛이
조화를 이룬다

1. 오페라 극장 가까이 위치한 피에르 에르메 매장 정경 2. 진한 초콜릿 색이 주조를 이룬 세련된 분위기의 매장. 마카롱과 초콜릿 맛을 아주 상세히 설명해 주었던 직원 휴고

'장소, 사람, 냄새 혹은 이벤트' 등 다양한 곳에서 나온다고 밝혔다. 예를 들어 베트남에 세울 학교 기금 마련을 위한 행사를 준비하던 당시 베트남 특유의 풍미에 영감을 받아 코코넛, 라임(lime), 생강 그리고 코리앤더(coriander : 고수)를 이용해 마카롱을 개발했다. 또한 냄새가 아주 강한 흰 송로 버섯(white truffle : 세계 3대 진미 중 하나)이나 푸아그라에서 아이디어를 얻어 무화과나 초콜릿과 배합하기도 했다. 그의 독특한 발상은 피에르 에르메만의 창작 세계를 넓히고 있다.

한편 '단순함이 최고'라는 그의 말처럼 신중할 정도로 장식은 최대한 자제한다. 양념을 사용하는 데 있어서도 절제를 중요시한다. 그는 "설탕을 소금처럼 써야 한다. 즉, 다른 맛을 살리기 위한 조미료 정도로 사용하라"고 조언한다. 이것은 단맛을 느끼기 전에 상큼하게 콕 찌르는 듯한 특유의 맛을 느끼게 하는 이유인 것 같았다. 그의 마카롱이 선사하는 독창적인 맛과 향의 조화가 놀라울 정도이다.

색이 다르다, 맛이 다르다!

오페라 극장 가까이 위치한 피에르 에르메 매장은 진한 초콜릿 색이 주를 이룬 아주 세련된 느낌이었다. 기다란 쇼케이스에는 배색을 맞춘 듯 빼곡히 들어찬 마카롱과 초콜릿이 정갈하게 진열돼 있었다. 은근하게 색을 발하는 마카롱을 보니 오감이 자극되는 것 같았다.

검은 유니폼 차림의 직원 휴고(Hugo Ibanez)에게 마카롱 베스트셀러를 묻자 밀크 초콜릿과 패션 프루트(passion fruit) 맛, 모다도르(Modador)를 내놓았다. 몇 가지 맛을 보는 동안 휴고는 각 제품의 맛과 특성을 정확하게 짚어가며 설명했다. 마카롱은 사흘 동안 냉장 보관이 가능하며 먹기 2시간

1. 2013 리 쟈르댕(Les Jardins) 컬렉션. 정원을 주제로 상자에 담긴 마카롱들. 매해 12월에 11개의 한정판 마카롱을 선보여 매달 한 개씩 출시한다. 상자에는 7월까지 나온 마카롱 7가지가 담겨 있다 2. 한쪽 벽면에 진열된 과자와 초콜릿, 책 등

전에 꺼내 실온으로 놔두면 원래의 맛을 최대한 즐길 수 있다고 한다.

이 매장은 주로 마카롱, 초콜릿, 과자 등을 판매하는데 홍보 담당 마린(Marine Attrazic)은 나를 위해 특별히 이스파한(Isfahan) 마카롱을 따로 준비해 왔다. 이스파한은 이란 중부에 있는 도시로서 페르시아 제국의 수도였던 곳이다. 역사적인 도시의 아름다움을 담은 이스파한 마카롱은 아이디어를 얻은 지 11년 만에 탄생했다. 에르메가 포숑에서 일할 당시 처음 만든 장미 마카롱에서 영감을 받은 것. 산딸기로 채워진 마카롱 셸 사이로 장미 잎을 넣어 만든 크림이 보일 듯 말 듯하고, 장미 잎에 맺힌 이슬방울은 금방

이라도 굴러떨어질 듯하다. 마치 그 모습은 하나의 예술 작품이라고 해도 지나치지 않았다. 이스파한을 직접 보니 가슴이 울렁거리는 것 같았다. 먹기조차 망설여졌던 마카롱. 한입 깨무는 순간 바삭하는 작은 소리가 귀를 흔들었다. 새콤한 산딸기 사이에 숨은 리치(litchi)와 달콤한 장미 크림이 입안 가득 그 황홀한 맛을 터뜨렸다. 잠들었던 미각이 새롭게 깨어난다면 이런 느낌일까?

2009년, 영국 신문 옵저버(The Observer)는 '세계에서 먹어야 할 베스트 50'의 리스트에 피에르 에르메의 초콜릿을 선정했다. 그는 오래 두고 먹을 수 없는 마카롱을 초콜릿으로 즐길 수 있도록 마카롱 맛이 나는 초콜릿을 개발했다. 가격은 한 개당 1.80유로(약 2천6백 원)이며 40개들이 제일 큰

빨간 장미 잎에 시럽으로 이슬 방울을 표현한 예술적인 이스파한. 현대적으로 디자인한 에르메의 모노그램PH는 케이크 장식에도 쓰인다

마카롱을 초콜릿으로 즐길 수 있게 개발한 다양한 마카롱 맛의 초콜릿. 낱개로도 판매하며 가격은 한 개당 1.80유로(약 2천6백 원)

초콜릿 상자가 58유로(약 8만4천 원)이다. 참고로 마카롱 개당 가격은 2.5유로(약 3천 원)이며 사이즈가 큰 마카롱은 4.50유로(약 4천8백 원)이다. 마카롱은 원하는 크기와 종류의 상자를 선택해 담을 수 있으며 상자의 디자인도 무척 예쁘다. 나는 나뭇잎 무늬가 송송 뚫린 흰 종이 가방을 건네받을 때 기분이 꽤나 좋았다.

나뭇잎 무늬가 송송 뚫린
흰 종이 가방도 예술적이다

Pierre Hermé

주소 39 Avenue de l'Opéra, 75002 Paris, France **전화** (+33) 1 43 54 47 77
웹사이트 www.pierreherme.com **매장 오픈** 10:00a.m ~ 7:30p.m (주말 포함)

피에르 에르메가 알려 주는 마카롱 만드는 유용한 비밀

1. 마카롱 셸의 반죽 재료 아몬드는 스페인의 발렌시아(Valencia) 산을 구매해 직접 갈아 쓴다.

2. 마카롱 반죽을 만들 때 '액상 달걀흰자'를 사용한다. 액상 달걀흰자는 달걀흰자를 볼에 담아 랩으로 덮은 다음 구멍을 몇 군데 내어 일주일 정도 냉장 보관하면 된다. 이때 흰자는 탄력성을 잃고 알부민(albumin : 단백질 성분)이 파괴되어 달걀 거품을 말끔하게 만들 수 있다.

3. 설탕물 온도가 115℃에 다다를 때 달걀흰자를 믹서로 돌리기 시작하고, 118℃에 도달하면 설탕물을 믹싱 볼에 부어가며 머랭을 완성한다.

4. 완성된 머랭 온도는 50℃로 식힌 다음 믹싱 볼에서 꺼낸다.

5. 마카롱 크기는 3.5cm를 넘지 않게 파이핑한 후 실온에서 30분 정도 두고 손으로 만졌을 때 반죽이 살짝 마른 상태일 때 굽는다.

6. 대류식 오븐(convection 혹은 fan oven)의 온도 180℃(오븐마다 다르지만 약 165~190℃)에 12분간 마카롱을 굽는다. 8분과 10분째 되었을 때 오븐 문을 열어 수분을 나가게 한다. 구워진 마카롱 셸을 식힌 다음 바로 뒤집어 놓는다.

7. 속재료를 파이핑하기 전에 마카롱 셸 안쪽에 스프레이로 물을 살짝 뿌려 수분을 준다.

8. 맛을 더할 수 있도록 마카롱 셸 사이에 크림이나 가나슈를 아주 넉넉할 정도로 충분히 파이핑한다.

9. 만든 후 반드시 24시간 동안 냉장 보관해야 하며 실온에서 2시간 둔 후에 서빙한다. 냉장 보관하는 동안 주변의 습기는 마카롱의 맛을 숙성시키고 더 좋은 질감을 만들어준다.

p.s 여기서 공개한 마카롱의 비밀은 그의 저서, 『피에르 에르메 마카롱』에서 유용한 내용 몇 개를 뽑은 것이다. 또한 아뜰리에 '드 크레아씨옹'에서 5년째 근무 중인 카미유(Camille Menne Loccoz) 셰프가 나에게 가르쳐준 방법들도 포함돼 있다.

파리 시내 한적한 길가에 있는 에르메의 아틀리에, 드 크레아시옹(Atelier de Création). 바로 창의적인 작업실이란 뜻이다. 그의 모든 작업 구상이 이뤄지고 새로운 맛이 탄생되는 이 아틀리에서 에르메를 만나 단독 인터뷰를 했다.

A. 빵집이 4대째 가업으로 이어지고 있는데, 제빵사가 아닌 페이스트리 셰프를 선택한 이유는 무엇인가?

Q. 아버지 역시 페이스트리 분야에 많은 기량을 가진 분이셨다. 나는 이미 10살 때부터 파티시에가 되기로 결심했고, 훗날 아버지께서도 많이 행복해 하시는 것을 느꼈다.

A. 1998년, 라뒤레에서 나온 후 첫 숍을 도쿄에 연 이유가 궁금하다.

Q. 일본은 아시아에서 프랑스 페이스트리를 가장 많이 받아들인 나라였고 당시 도쿄에는 마카롱과 초콜릿 명품 브랜드가 없는 것에 착안했다. 자신감이 있었다. (에르메는 라뒤레에서 셰프로 일하지 않았으며 컨설턴트로 2년간 근무했다. 그는 라뒤레와의 관계가 세간에 알려진 것과 다르다고 했다.)

A. 마카롱의 속재료로 가격이 무척 비싼 흰 송로버섯이나 푸아그라 등을 이용하기도 한다. 이런 독특한 아이디어는 어디서 얻는가?

Q. 내 영감의 원천은 아주 다양하다. 나의 호기심에서 시작된 아이디어는 유일하고 보다 특별한 맛을 만들어낸다. 나는 항상 모양보다 맛이 중요하다고 생각한다. 모든 절차에 따라 세부적인 것까지 치밀하게 만드는 것이 정답이다. 나는 언제나, 다음에 만드는 마카롱이 최고이기를 꿈꾼다.

A. 당신의 케이크, 마카롱, 초콜릿 등은 예술 작품에 비교된다. 유명해진 결정적인 이유가 무엇이라고 생각하나?

Q. 그저 단순하게 '좋은 것'이기 때문이다. 새로운 맛을 처음 개발하면 직접 맛을 보면서 '진짜 맛있나?'라고 나 자신에게 묻고 또 묻는다. 맛있다는 확신이 설 때 직원 셰프들과 함께 다시 먹어 보고 상품화할 것인가를 최종적으로 결정한다.

A. 많은 사람들이 라뒤레의 마카롱과 많이 비교한다. 다른 점이 무엇이라고 생각하나.

Q. (밝은 표정으로) 비교하지 않고 경쟁도 하지 않는다.

A. 여가 시간은 어떻게 보내나?

Q. 와인을 즐겨 마시고 음악 듣는 것도 좋아한다. 운동은 안 한다. 향수, 음악, 패션, 건축에 관심이 많으며 미술관도 자주 찾는다. (인터뷰하던 그의 집무실은 물론 작업실에도 내내 음악이 흘렀다.)

A. 제2의 피에르 에르메를 꿈꾸는 셰프들에게 조언을 부탁한다.

Q. 페이스트리를 만드는 전문적인 방법을 배우고 기량을 키워야 한다. 매사에 관심을 갖고 알려고 노력해라. 음식에 관련된 모든 것을 배워라. 늘 호기심을 갖고 자신에게 많은 것을 요구하고 겸손해라.

Bäckerei Friedrich

자연을 담은 독일의 건강한 빵

몇 년에 한 번씩 그리운 독일 친구들을 만나러 독일에 가면 나는 먼저 빵집부터 기웃거린다.
폴폴 풍기는 빵 냄새를 맡으면 옛 친구를 다시 보는 듯 반갑다. 특히 아삭아삭하게 씹히는 고소한 빵 껍질,
아기의 볼살같이 보송하고 촉촉한 속을 숨긴 브뢰첸(Brötchen : 작은 빵을 뜻하는 롤빵)은
내가 즐겨 먹는 빵이다. 친구만큼 다정한 무르나우의 작은 동네 빵집에서 건강한 빵을 만났다.

남부 독일 바이에른(Bayern) 주의 행정 수도 뮌헨(München)에서 남
쪽으로 70km 떨어진 곳에 위치한 무르나우(Murnau)는 1만2천여 명이 사
는 작은 마을이다. 날씨가 좋은 날은 독일에서 가장 높은 알프스 산봉우리
인 추크슈피체(Zugspitze, 2963m)가 만년설의 웅장한 자태를 드러낸다. 조
금 더 남쪽으로 내려가면 기차로 불과 50여 분 거리에 오스트리아 국경이
있다.

무르나우의 절경에 빠져 정착한 러시아의 추상 화가 칸딘스키(Wassily
Kandinsky)는 그의 제자이자 동료였던 연인 가브리엘레 뮌터(Gabriele
Münter)와 1914년 러시아로 돌아갈 때까지 14년 동안 무르나우에 살면서 마
을의 거리, 집 그리고 호수 등 삶의 풍경을 담은 많은 작품을 남겼다.

자연경관이 아름다운 이 마을에는 건강한 빵을 만드는 '프리드리히 베이커리(Bäckerei Friedrich)'가 있다. 귄터 프리드리히(Günter Friedrich)가 그의 성을 따서 2003년 문을 연 빵집이다. 그와 약속한 새벽 5시, 제빵 작업실을 찾아가니 이미 3시부터 작업을 시작했다며 여러 종류의 반죽을 치대고 있었다. 14살에 제빵일을 시작해 50여 년째 빵을 만들고 있는 프리드리히 제빵사. 젊어서는 하루 18시간이나 일했다는 그는 매일 새벽 3시에 출근해 직원도 없이 40~50kg의 밀가루를 치대며 하루 12시간씩 일한다. 매일 아침 일찍 만들어 배달하는 간단한 케이크 몇 종류와 페이스트리를 제외한 거의 모든 빵을 손수 만든다. 이곳은 평일 오전 6시 30분부터 오후 6시까지 문을 열고 토요일은 낮 12시 30분까지 운영하며, 월요일과 일요일은 문을 닫는다.

건강한 생각과 풍부한 지식으로 빵을 굽는 제빵사

프리드리히 베이커리의 작업실 한쪽 벽 전면에는 특별한 오븐이 있다. 전기 오븐이지만 오븐 안 전체가 돌로 만들어져 있어 돌의 열이 서서히 골고루 빵에 전달된다. 이렇게 구워진 빵은 옛 자연 방식 그대로의 맛을 내며 신선도가 높아 오래 보존된다고 한다.

그는 35년 전, 딸의 건강이 좋지 않아 '자연을 이용한 빵'에 관심을 갖게 되었다고 한다. 그것을 계기로 환자에게 좋은 각종 천연 허브를 넣은 독창적인 레시피들을 연구하고 개발해 빵을 만들기 시작했다. 그는 작업실에 유기농 곡식을 빻는 작은 기계를 두고 소량은 직접 갈아 배합하고 대량으로 필요한 경우에는 집에 있는 큰 기계를 사용한다. 그는 반죽을 절대로 거칠게 다루지 않아야 한다고 강조했는데, 그가 사용하는 믹서 역시 훅(hook)이 원

1. 날씨가 좋은 날에는 독일에서 가장 높은 알프스 산봉우리인
추크슈피체가 보인다 2. 무르나우 마을의 거리 풍경

1. 프리드리히와 그의 부인. 프리드리히 부인은 늦은 아침에 출근해 매장 일을 돕는다. 이제는 그만뒀지만 전직 페이스트리 셰프였다고. 부인과 악수하다가 손이 부러지는 줄 알았다. 독일 사람들은 손을 꽉 잡고 악수한다 2. 작업장에서 일하는 프리드리히 제빵사

24시간 전에 미리 만들어 놓은 사우어타이그. 반죽이 무척 질다

형으로 돌면서 위 아래로 오르락내리락 반죽을 부드럽게 치대고 있었다. 자신만의 제빵 철학을 가진 그를 지켜보며 좋은 재료와 기계 그리고 제빵사의 건강한 생각과 풍부한 지식이 남다른 빵 맛을 만든다는 생각이 들었다.

빵 맛을 만드는 사우어타이그(Sauerteig)

근대의 빵 발효제인 이스트가 만들어지기 전, 최초 발효 방법이었던 '사우어타이그(Sauerteig : 신 반죽이라는 뜻으로 영어로는 사워도)'는 이스트처럼 반죽을 부풀릴 때 사용되는데 이것을 사용해 만든 빵에는 유산균이 만들어낸 유산의 독특한 빵 맛이 난다. 사우어타이그 반죽을 오래 방치해 두면 반죽이 섞이는 과정에서 함유된 공기 속 미생물의 활동으로 신맛을 띠게 된다. 사우어타이그를 넣은 빵의 시큼한 맛은 효모와 박테리아로 만들어지며 제빵사마다 고유의 사우어타이그를 만들어 독특한 풍미를 지닌 빵 맛을 내기도 한다. 한 번 만든 사우어타이그는 소량의 반죽을 떼어 보관한 후 다시 밀과 물을 넣으면 계속 반죽해 쓸 수 있다. 사우어타이그에는 천연의 이스트와 박테리아가 공생하고 있어 건강하고 소화가 잘 되는 빵을 만드는 데 많은 도움이 되며, 곰팡이가 피거나 쉽게 굳어지는 것에 대한 저항력이 크다.

프리드리히는 사우어타이그를 늘 24시간 전에 만들어 놓고 모든 빵 반죽에 사용하며, 이스트는 단지 1%만 넣는다. 그의 빵에는 기본적으로 밀가루, 물, 젖산(Milchsäure) 그리고 알코올을 식초로 바꾸는 역할을 한다는 식초 박테리아(Essig Backterien)가 들어간다.

두고두고 기억하고 싶은 그의 제빵 철학

프리드리히에게 선배로서 제빵사와 빵집 경영자들을 위한 조언을 부탁했다. 그는 당연한 것 같지만 지키기 어려운 원칙들을 알려줬다. 첫째, 제빵사는 좋은 교육을 많이 받아야 한다. 둘째, 좋은 품질의 빵을 만들어야 한다. 셋째, 빵을 판매하는 사람은 빵의 성분과 각 제품의 특성을 정확히 파악하고 손님을 맞이해야 한다. 손님은 두 개를 권하면 한 개만 사고 한 개를 권하면 아무것도 안 살 것이다. 그래도 늘 웃고 열린 마음과 자세로 손님을 대해야 한다고 한다.

무엇보다 제빵사에게 필요한 기본적인 태도는 빵만 잘 굽는 것이 아니라 계속해서 제빵에 대해 공부하고 자기 계발을 위해 노력하는 것이다. '좋은 품질의 빵이 큰 시장을 만든다'라는 확고한 신념을 갖고 있는 그는 좋은 품질의 빵을 먹어 본 사람들은 건강을 생각해 다시 찾아준다고 했다.

매장 한쪽 벽면은 통유리로 되어 있어 작업장이 오픈되어 있다. 그는 '손님들에게 가리지 말고 보일 수 있는 만큼 다 보이라'고 강조한다. 덕분에 손님은 반죽부터 빵이 구워져 나오는 과정까지 다 볼 수 있는데, 빵 만드느라 바쁜 틈에도 그는 통유리 사이로 손님들과 인사를 주고 받으며 대화를 나누기도 한다. "건강한 생각이 건강한 육체를 주고, 건강한 제빵사가 건강한 레시피로 건강하게 빵을 굽는다"라고 말하는 프리드리히에게 다시 한번 깊은 감명을 받았다.

브로트(Brot)는 독일어로 빵을 뜻하는데, 프리드리히가 만드는 다양한 빵 중 몇 가지 건강 빵에 대해 살펴보자. 우선 그는 건강하고 맛있는 빵을 만들기 위해 여러 종류의 품질 좋은 유기농 곡물들을 구매하고, 항상 최고의 재료만을 선별한다.

1. 프리드리히 베이커리의 매장 모습 2. 프리드리히가 일을 마치고 퇴근 전 잠시 매장에서 빵 판매를 돕고 있다 3. 막 구워져 나온 딩켈빵

1. 폴콘 브로트(Vollkorn Brot)

건강한 빵일수록 도정을 적게 한 곡물을 많이 넣고 만든다. 거칠게 빻은 호밀이나 통밀로 만드는 폴콘 브로트는 미네랄, 비타민, 섬유질이 빼곡히 박혀있어 건강 빵의 으뜸으로 꼽힌다. 처음 먹어보면 약간 시큼한 데다 씹히는 맛도 거칠고 딱딱해 입맛에 잘 안 맞지만 잡곡밥 먹듯이 꼭꼭 씹으면 씹을수록 고소하고 감칠맛이 난다. 프리드리히는 7가지의 폴콘 브로트를 만드는데 딩켈(dinkel), 호밀, 아몬드, 3종류의 곡식, 호박씨, 해바라기씨, 7종류의 허브를 사용한다. 이 빵은 특히 당뇨병, 임산부, 알레르기가 있는 사람에게 좋다고 한다. 판매량은 꾸준히 상승해 25년 전과 비교하면 50%가 증가했고, 흑빵 종류인 둥클레스 바우에른브로트나 헬레스 바우에른브로트보다 더 많이 판매된다.

2. 둥클레스 바우에른브로트(Dunkles Bauernbrot)

밀 40%와 호밀 60%를 넣어 만든다. 헬레스 바우에른브로트(Bauern Helles Brot)에 비해 호밀이 2배 더 들어가 말 그대로 어두운 밤색이 도는 흑빵이다. 이 빵의 재료는 딩켈 브로트와 동일하지만 밀가루를 더 거칠게 갈았다는 점이 다르다.

3. 헬레스 바우에른브로트(Helles Bauernbrot)

밀 70%와 호밀 30%로 만드는 연한 색의 흑빵이다. 빵의 가격은 500g에 2.50유로(약 4천 원)이며 대체로 다른 빵집과 거의 비슷하고 몇 종류만 20% 정도 비싼 편이다.

4. 딩켈 브로트(Dinkel Brot)

밀의 한 종류인 딩켈(Dinkel)은 영어로 스펠트(spelt)라고 하는데, 글

Dreikorn-Brot
Biogetreide
1000 g   4,70 €

으뜸가는 건강 빵으로는 으뜸가는
폴콘 브로트

바우에른브로트의 종류들

Bauernbrot
Sonnenblumen
750g 2,60 €

해바라기씨가 들어간 바우에른브로트

Helles Dinkelbrot
Bio Getreide
500 g   2.50 €

Bio Dinkel
Vollkornbrot

1. 온갖 씨들이 잔뜩 붙어 있는 딩켈빵
2. 딩켈로 만든 롤빵에 붙어있는 해바라기씨
3. 딩켈 가루를 넣고 만든 롤빵
4. 쩍 갈라진 모습이 먹음직스러운 딩켈빵
5. 버드나무로 만든 빵틀에 반죽을 넣어 발효시키면
틀 자국이 반죽에 그대로 남는다

루텐 성분이 많아 제빵용으로 손색이 없다. 우리가 흔히 알고 있는 빵에 쓰이는 일반 밀과 흡사하나 더 고소하고 풍미가 있다. 당뇨병 환자에게도 좋고 밀에 대한 알레르기가 있는 사람들도 딩켈을 먹을 수 있다고 한다. 프리드리히는 6개월간의 연구를 통해 딩켈이 다른 밀에 비해 독성 성분(toxic agent)이 가장 적게 들어 있고, 사람 몸에 좋다는 것을 알게 되었다고 한다. 딩켈은 비료 없이도 잘 자라 손이 가지 않는 반면 호밀(rye)과 밀은 자라는 데 좋은 땅이 필요한 것이 특징이다.

프리드리히 베이커리에서는 귀리, 해바라기씨, 아몬드 등이 들어간 다양한 종류의 딩켈 브로트 반죽을 600g씩 등분해 버드나무 가지로 만든 틀에 넣어 발효시킨 후 꺼내 굽는다. 버드나무 틀의 줄무늬 자국이 그대로 나서 모양이 아주 멋스럽다. 촉촉한 식감의 딩켈 브로트는 오래 씹어 먹을수록 맛이 나고 체내에서 소화도 잘되며 칼슘 성분 또한 많이 들어있다.

The Untold Story

다시 영국으로 돌아온 나는 프리드리히에게 아래와 같이 이메일을 써서 보냈다.
"제 인생에서 당신처럼 오랜 실전에서 얻은 경험과 빵에 대한 많은 지식을 갖고 있으면서, 제빵사로서 고유한 철학을 가진 분은 한 번도 만나 보지 못했습니다. 제게 설명해주신 모든 것을 한국의 제빵사와 관계자들에게 전하도록 노력하겠습니다. 많은 것을 배운 인상 깊었던 방문이었습니다. 고맙습니다."

전통을 잇는 그로스바일의 루이들 빵집

'장작 오븐에 구운 빵'이라는 이름처럼 전통적인 방식 그대로, 장작불을 지핀 돌오븐에 굽는 홀츠오픈 브로트(Holzofen Brot). 오래된 농가를 그대로 옮겨 지은 그로스바일의 야외 박물관에는 전통 구조를 재현한 돌오븐이 있다. 야외 박물관에서 전통 방식으로 구워지는 이 빵은 박물관이 개장하는 때에만 맛볼 수 있다. 빵 반죽을 박물관까지 옮겨 빵을 굽는 수고로움을 감수하며 독일 빵의 전통을 이어가고 있는 그로스바일의 한 빵집. 5대째 빵을 굽는 이들의 행복한 빵 이야기를 찾아서.

지난번 프리드리히 베이커리를 방문했을 때 거의 모든 빵을 자신의 손으로 직접 만들던 깐깐한 제빵사, 프리드리히가 다른 빵집에서 홀츠오픈 브로트를 받아 판매한다는 것을 알게 되었다. 바로 프리드리히 제빵사의 둘째 사위가 운영하고 있다는 특별한 인연을 지닌 '루이들 빵집(Bäckerei Luidl)'이다. 5대째 독일의 전통 빵을 만들고 있다는 그곳을 찾아 그로스바일(Grossweil)로 향했다. 무르나우(Murnau)에서 7km 정도 떨어진 곳에 있는 그로스바일. 이곳으로 향하던 이른 아침은 무척 청명했다.

루이들 빵집은 지난 1990년, 기존의 빵집 건물 옆에 바이에른(Bayern : 남부에 위치한 주) 지방의 전통 가옥을 크게 증축하여 현재는 슈퍼마켓도 함께 운영하고 있다. 1840년 요한 루이들이 문을 열어 아직도 그 명맥을 유지하고 있다. 지금은 5대손 슈테판(Stefan Luidl)이 경영을 맡고 있는데, 공교롭게도 가족과 휴가 중이어서 그의 어머니 루이들(Gabi Luidl) 부인이 빵집 매장을 안내해 주었다. 그녀는 작업복 차림으로 손수 빵을 판매하며 슈퍼마켓의 출납, 사무실 일까지 관여하고 있어 무척 분주해 보였다. 이 빵집에서는 9명의 제빵사가 매일 500kg에 달하는 양을 작업한다. 이렇게 만들어진 다양한 종류의 빵과 케이크는 프리드리히의 빵집을 포함해 이웃 마을의 빵집, 식당 등에 배달되고 있다.

원칙과 신뢰로 빚어진 루이들 빵집

루이들 빵집의 소신은 빵이 진열된 선반 아래 쓰여 있어 누구나 알 수 있다. 이곳은 3가지 원칙에 따라 빵을 만든다. 첫째, 빵에 사용되는 모든 향신료는 직접 볶아 갈아서 쓴다. 둘째, 가공 처리하지 않은 순수한 천연 바다 소금을 사용한다. 셋째, 식품 첨가물과 시판하는 제빵 믹스는 쓰지 않는다. 그리고 한쪽 벽면에는 루이들 빵집의 빵 맛을 입증하듯이 독일제빵업중앙협회(Zentralverband des Deutchen Bäckerhandwerks)에서 받은 상들이 걸려 있었다. 루이들 빵집은 협회에서 수여하는 골드상을 2003년에 수상하기 시작하여 그 뒤로도 해마다 받았다고 한다.

루이들 빵집에는 2명의 마이스터가 있는데, 주인 슈테판과 20여 년째 근무하는 쿠르트(Herr Christoph Kurth)이다. 독일의 '마이스터(Meister)'는 우리나라의 '기능장'이라는 뜻으로 전문 직업에서 가장 명예로운 타이틀이며 기술력을 보장받는 증서이다. 마이스터가 되기 위한 독일의 교육 과정은 직업에 대한 지식과 능력을 키워주며 더 나아가 전공 분야 경영의 전문성을 높여준다. 13세기경부터 독일에 확립된 이 직업 훈련 제도는 정규 교육 과정을 마친 16세부터 시작할 수 있다. 3년간 직업 훈련원(Arbeitsschule)에서 교육을

1. 루이들 빵집은 바이에른 지방의 전통집으로 슈퍼마켓을 함께 운영한다 **2.** 슈테판의 어머니 가비 루이들이 매장을 직접 안내해 주었다 **3.** 학교 간식 시간에 먹을 빵을 사가는 이른 등굣길의 아이들 **4.** 베이커 마이스터인 쿠르트가 들고 있는 긴 홀츠오픈 브로트는 인근 식당과 병원에 공급한다고 한다

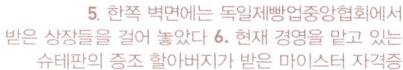
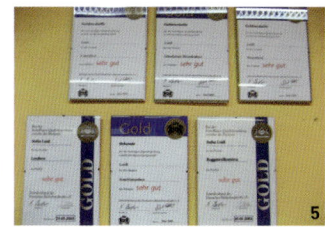

5. 한쪽 벽면에는 독일제빵업중앙협회에서 받은 상장들을 걸어 놓았다 **6.** 현재 경영을 맡고 있는 슈테판의 증조 할아버지가 받은 마이스터 자격증

브레첼을 만드는 모습. 사진의 가장 오른쪽이 브레첼을 가장 빨리 만드는 직원 바그너

1개 가격은 0.48유로(약 720원)

받고, 졸업 시험에 합격하면 공인 기술자(Geselle)로 다시 3년간 직장에서 기술을 연마해야 한다. 이후 1~3년간 마이스터 과정을 마치면 직장은 물론 사회에서도 존경과 우대를 받게 된다.

짠맛으로 먹는 브레첼

브레첼(Brezel)은 독일 남부 지방을 비롯해 스위스 일부 지역과 오스트리아에서도 유명한 빵이다. 12세기 초에는 브레첼 모양을 간판으로 사용했는데, 빵집을 상징하거나 빵을 뜻한다. 브레첸(Brezen) 혹은 브레체(Breze) 등 지역에 따라 여러 이름으로 불리며, 만드는 방식과 모양에도 약간씩 차이가 있다. 라틴어에서 유래한 브레첼의 어원은 신체의 팔을 뜻하며 구멍이 3개 있는 특이한 모양이 마치 팔짱을 낀 듯하다. 빵 껍질에는 굵은 소금이 군데군데 붙어 있어 짭조름한 맛이 나며 매듭을 지은 가느다란 가운데 부분은 과자처럼 바삭거린다. 19세기경 독일과 스위스 이민자들을 통해 미국으로 건너간 브레첼은 '프레첼(Pretzel : 중세 독일어)'이라는 세계적인 스낵과자로 발전했다.

시내 중심가 노점상에서 판매하는 브레첼은 독일인들에게 인기 있는 간식거리로 거리에서 먹는 모습을 흔히 볼 수 있다. 맥주로 유명한 바이에른의 비어가르텐(Biergarten)에서는 사람들이 브레첼을 안주 삼아 맥주를 마시는데, 빵 크기가 일반 빵집에서 만드는 것보다 3~4배 이상 커서 매우 먹음직스럽다. 브레첼의 재료는 밀가루, 이스트, 설탕 약간, 소금, 버터, 물 등이며 빵의 색을 내는 잿물은 물 1L에 천연 탄산소다(natron) 50g을 넣어 끓여 만든다. 반죽은 일반적으로 밀가루를 사용하지만 호밀, 스펠트, 통밀로 만들기도 한다. 이 반죽은 롤, 크루아상, 라우겐슈탕게(Laugenstange) 등 다양한 모양

1. 함께 브레첼 만드는 법. 먼저 반죽을 55cm 길이로 길게 늘인다 2. 반죽 양끝을 잡고 한 바퀴 휙 돌려 내려 놓는다 3. 양끝을 꼬아준다 4. 양끝이 떨어지지 않게 눌러 준다 5. 성형이 완료된 브레첼은 철판 위에서 1시간 동안 다시 발효시킨다 6. 굵은 소금이 군데군데 붙은 브레첼

으로 만들어진다. 전통적으로는 브레첼 반죽을 잿물에 흠뻑 적시고 그 위에 굵은 소금을 뿌려 굽지만 양귀비씨, 깨, 해바라기씨, 호박씨 등을 뿌리기도 하고, 혹은 구워진 브레첼 위에 치즈를 듬뿍 올려 다시 구운 것도 있다. 브레첼을 맛있게 먹으려면 반으로 자른 후 버터를 바르거나 두툼하게 썬 치즈를 끼워 넣는다. 눅눅해진 브레첼은 다음 날 다시 구우면 제맛이 나지 않으므로 당일 구운 것이 가장 맛있다. 직원들 중 바그너(Herr Leonhard Wagner)가 브레첼을 가장 빨리 만든다는 말에 시간을 재보니, 무려 1분에 14개를 만들었다. 그는 소금을 죄다 떼어내고 먹는 나에게 "브레첼의 가장 큰 매력은 군데군데 붙어 있는 굵은 소금"이라며 빙그레 웃었다.

돌오븐에 굽는 빵 홀츠오픈 브로트

브레첼을 굽고 나자 두 명의 제빵사가 커다란 직사각형의 구유 형태인 나무 상자에 빵 반죽을 담아 차에 실었다. 그들은 루이들 빵집에서 차로 약 15분 거리에 있는 글렌트라이텐(Freilichmuseum Glentleiten) 옥외 박물관

브레첼을 맛있게 먹는 방법은 아주 간단하다. 먼저 브레첼을 반으로 자른 다음 버터를 적당한 두께로 썰어 올리면 버터 브레첼 샌드위치 완성

1. 작은 굴뚝이 보이는 잔뜩 그을린 집이 바로 돌오븐. 바로 옆에 쌓아 둔 장작으로 불을 지핀다
2. 장작을 지핀 후 돌오븐의 재를 긁어모으고 바닥을 깨끗이 닦아내는 일은 24년 경력의
카우나트가 전담한다

으로 출발했다. 글렌트라이텐 옥외 박물관은 오래된 농가를 그대로 옮겨 짓고, 1976년의 전통 구조를 재현한 돌오븐을 만들어 일반인들에게도 개방했다. 루이들 빵집은 돌오븐 사용료를 내고, 옥외 박물관이 개장하는 3월 중순부터 11월 중순까지 매주 목요일과 매달 둘째 주 토요일마다 홀츠오픈 브로트를 굽는다.

홀츠오픈 브로트의 재료는 사워도, 밀 30%, 호밀 70%에 향신료인 회향(fennel), 캐러웨이(caraway), 고수(coriander), 아니스(anise)가 첨가된다. 넉넉한 크기의 빵 무게는 1.5kg 정도로 6.50유로(약 1만 원)이며 빵은 고객이 원하는 만큼 2등분, 혹은 4등분으로 잘라 판매하기도 한다. 빵은 7~10일간 보관이 가능해 실온에 두고 먹을 수 있다.

돌오븐에 빵을 굽는 날이면 24년 경력의 제빵사 카우나트(Mannfred Kaunat)가 새벽 6시경에 미리 와서 오븐에 장작불을 지피고 동료와 단둘이 일을 시작한다. 오전 10시 30분이 되자 오븐 온도가 약 340°C에 다다랐다. 카우나트는 재를 긁어내고 젖은 헝겊으로 오븐 바닥을 깨끗이 닦았다. 전시관의 고풍스런 부엌에서 갖고 온 반죽을 빚어 널빤지에 켜켜이 쌓아 한편에 두면 빵 구울 준비가 끝난다. 카우나트는 오븐 온도가 대략 250°C로 떨어지자 손잡이가 달린 널빤지 위에 반죽을 올려 뜨겁게 달군 오븐 안에 하나하나 간격을 맞춰 넣었다. 빵을 꺼내기 전, 맨 처음 넣은 것과 맨 마지막에 넣은 것의 자리를 바꿔주고 10분간 더 굽는다. 바닥을 두드려 맑은소리가 나는 것을 확인한 그는 빵을 하나씩 꺼냈다. 뜨거운 오븐 앞에서 작업하는 그의 얼굴이 벌겋게 달아오르고 큰 키를 잔뜩 구부려 빵을 꺼내는 모습이 쉽지 않아 보였다. 물을 발라줘야 껍질이 더 바삭하다며 꺼내는 빵마다 바로 브러시로 물 칠을 했다.

돌오븐에 구운 60~70개의 빵 중 반 이상은 주문을 받은 빵이며 나머지는 오전 11시 30분부터 박물관의 방문객들에게 직접 판매한다. 대부분의 방문객들은 틀에 구운 듯 잘생긴 빵보다 자연스럽게 갈라지고 먹음직스런 빵을 골라 사가는 모습이 아주 흥미로웠다. 나도 선물로 줄 빵을 고르면서 못난이 빵을 집어 들었으나 빵에서 나는 고소한 냄새를 못 참고 이내 조금 떼어먹었다. 전통식 돌오븐으로 굽자마자 바로 먹는 빵보다 더 깊은 맛이 나는 빵이 있을까. 그날 저녁 독일 친구가 식사를 준비하는 동안 나는 선물로 받은 홀츠오픈 브로트를 두툼하게 썰었다. 바삭 소리를 내며 썰어지는 빵의 밑바닥은 고소한 누룽지 같았다. 사워도의 시큼한 빵 맛과 독특한 향에 푹 빠진 행복한 저녁이었다.

15세기경에 지어진 부엌의 식탁 위에서 반죽을 치댄다

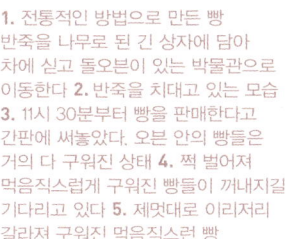

1. 전통적인 방법으로 만든 빵
반죽을 나무로 된 긴 상자에 담아
차에 싣고 돌오븐이 있는 박물관으로
이동한다 2. 반죽을 치대고 있는 모습
3. 11시 30분부터 빵을 판매한다고
간판에 써놓았다. 오븐 안의 빵들은
거의 다 구워진 상태 4. 쩍 벌어져
먹음직스럽게 구워진 빵들이 꺼내지길
기다리고 있다 5. 제멋대로 이리저리
갈라져 구워진 먹음직스런 빵

Spinnato in Palermo
안녕(Ciao), 시칠리아!

단 한순간도 놓치기 아까운 시칠리아 섬의 아름다운 경관. 독일 대문호 괴테는
펠레르모 동부 해안을 '세계에서 가장 아름다운 곳이(串)'라고 했다. 시칠리아를 여행하며
우연히 5대째 이어지는 153년 역사의 페이스트리 숍을 발견했다. 여행의 기쁨은 이런
우연 속에서 시작되는 것. 오랜 시간 페이스트리 속에 뜨거운 열정과 사랑을 담아온,
'스피나토(Spinnato)'를 소개한다.

시칠리아를 여행하던 중 북부에 위치한 항구 도시 팔레르모(Palermo)
에서 이틀 동안 머물게 되었다. 팔레르모에 도착한 날, 저녁 식사를 위해 일
행 서너 명과 함께 호텔 옆에 있는 폴리테아마 극장(Politeama Theatre)
앞의 광장을 가로질러 번화가 쪽으로 향했다. 도심의 가로수 자카란다
(Jacaranda) 나무에는 보라색 꽃들이 만발하고 은은한 꽃향기가 나를 감싸
는 듯했다. 저녁 공기는 더없이 상쾌하고 신선했다. 한 식당의 노천 테이블에
자리를 잡고 보니 우연히 맞은편에 근사한 페이스트리 숍이 보였다. 안티코
카페(Antico Caffè)라고 쓰인 간판 아래 조그맣게 쓴 'Spinnato dal 1860'의
오랜 숫자가 유독 눈길을 끌었다. 나중에 알게 되었지만 안티코 카페는 팔레
르모에 있는 스피나토 매장 중 한 곳이었다.

식사를 기다리는 틈을 타 잠깐 안티고 카페 안에 들어가 보았다. 매

장 안은 각종 전통 과자, 케이크 등이 진열되어 있고 아이스크림 판매대까지 있어 꽤 널찍했다. 직원을 통해 제품을 공급하는 곳이 '알 폴리데아마(al Politeama) 숍'이라는 것을 알게 되었다. 직원이 일러준 그곳은 폴리테아마 극장 앞의 광장 맞은편 길가에 있었다. 내가 묵은 호텔에서도 보일 정도로 무척 가까운 거리였다. 오전 8시에 문을 연다는 말에 혹시라도 일찍 가면 작업 과정을 볼 수 있을 것 같아 다음날, 일찌감치 6시에 호텔을 나섰다. 하지만 예상과 달리 매장의 셔터는 굳게 내려져 있었다. 그날이 팔레르모에서의 마지막 날이라 나는 애가 탔다. 우여곡절 끝에 다행히도 스피나토의 5대손 로베르토를 만날 수 있었다.

시칠리아 전통 페이스트리

로베르토는 이른 아침마다 수십 종류의 제품을 만든다며 다음날 내가 와서 보지 못하는 것을 많이 아쉬워했다. 그는 나를 작업실로 안내해주었는데, 매장 안쪽에 있는 문을 열자 새로 지은 옆 건물로 연결되었다. 굉장히 널찍하고 깔끔한 작업실에 현대적인 내부 시설까지 갖추고 있어 놀랐다. 이곳저곳 안내를 받으며 돌아보던 중 여러 페이스트리 숍에서 보고 궁금했던 아란치니(arancini, 혹은 복수형 아란치네arancine)를 때마침 만들고 있어 반가웠다. 생김새가 둥글고 색깔이 오렌지와 아주 비슷한 아란치니의 어원은 작은 오렌지를 의미하는 아란치나(arancina).

10세기경부터 전해 내려오는 시칠리아의 전통 아란치니는 길에서 흔히 먹는 대중적인 간식거리로, 밥으로 만든 크로켓이다. 아란치니는 갖은 양념을 해 지은 밥 안에 소를 넣고 타원형, 원형, 원뿔형 모양으로 일일이 빚은 다음 빵가루를 묻혀 150°C 기름에 5분간 노릇하게 튀겨낸다. 소의 종류는 파

1. 폴리테아마 극장 2. 안티코 카페와 바로 앞에 있는 노천 카페 모습 3. 안티코 카페의 로고

1. 양념된 밥에 소를 넣어 만든 크로켓인 아란치니를 만드는 모습 2. 모양을 빚은 다음 빵가루에 굴려 150℃에서 노릇하게 튀겨낸다 3. 왼쪽은 햄과 모차렐라. 오른쪽은 고기 소스 라구를 넣은 아란치니

스타용 고기 소스인 라구(ragù), 닭고기, 시금치, 가지와 치즈, 햄과 모차렐라 치즈 등으로 지역에 따라 다양한 아란치니를 맛볼 수 있다.

로베르토는 3종류의 대표적 시칠리아 전통 페이스트리 중 하나면서 특히나 팔레르모에서 유래된 카사타(cassata) 케이크, 튜브 모양의 달콤한 치즈 크림 맛의 카놀리(cannoli)와 흰 깨가 듬뿍 박혀 있는 비스코티 레지나(biscotti regina)를 소개했다.

카사타는 스펀지 케이크와 마지팬을 카사타 틀 안에 맞게 잘라 배열한 다음 리코타 치즈를 가운데에 채워 넣은 후, 틀에서 거꾸로 엎어 꺼낸 케이크 위에 부드럽게 녹인 퐁당(fondant : 설탕, 물 그리고 액상 과당을 끓여 고체로 만든 일종의 케이크용 아이싱)을 코팅한다. 코팅한 케이크 위에 시럽에 절인 시칠리아 특유의 감귤류인 레몬과 오렌지 그리고 체리를 장식하는 것이 카사타의 특징이다. 리코타 치즈에 다진 초콜릿을 섞기도 하고 바닐라 향으로 맛을 내는 등 레시피가 다양하다.

작은 튜브라는 뜻의 카놀리는 시칠리안 카놀리라고도 하며 튜브 모양의 과자 안에 치즈 맛 크림이 가득 채워져 있다. 전통적으로 2월에 열리는 카니발(carnival) 축제 기간에 만들어 특별한 의미가 있었지만, 오늘날에는 사계절 내내 즐겨 먹는다. 재료는 밀가루, 코코아 가루, 라드(lard : 돼지 지방을 가공해 만든 기름), 설탕, 소금, 달걀 그리고 특별히 서부 시칠리아의 마르살라(Marsala) 산지에서 재배된 유명한 마르살라 와인이다. 만드는 법은 다음과 같다. 8~9cm 정도 크기의 원형으로 얇게 민 반죽을 스테인리스 튜브에 감은 채 180°C의 기름에 그대로 넣어 튀겨 낸다. 과자가 식으면 안쪽에 초콜릿을 바르는데, 초콜릿은 속에 든 크림으로 인해 과자가 눅눅해지는 것을 방지하며 과자 맛을 한결 더해준다. 과자 안에 들어가는 크림은 리코타(ricotta : 양, 염소, 젖소 우유 등의 유장으로 만드는 치즈), 양 우유로 만든 페코라

1. 기름에 튀겨낸 카놀리 과자가 눅눅해지는 것을 방지하기 위해 초콜릿으로 코팅한다 2. 로베르토는 다음 날 만들 카놀리 재료를 꺼내 손수 만들어 보여줬다 3. 완성한 카놀리. 슈가 파우더를 살짝 뿌린 다음 시럽에 절인 오렌지 껍질(Candied Orange peel)을 양쪽에 장식한다 4. 고소한 흰 깨가 듬뿍 박혀있는 팔레르모의 전통 과자 비스코티 레지나

(pecora) 치즈, 설탕 약간, 다진 다크 초콜릿을 넣어 만든다. '여왕의 과자'라는 뜻의 비스코티 레지나는 4cm 크기의 기다란 모양에 그리 달지도 않고 아삭하니 가볍게 씹히는 깨 맛이 아주 고소했다.

그 사이 완성된 아란치니를 촬영하는 동안 로베르토의 동생 리카르도(Riccardo)와 말끔한 신사복 차림의 아버지 마리오 스피나토(Mario Spinnato)가 작업실로 찾아왔다. 4대손인 아버지 스피나토는 '스피나토'의 현직 사장이며 전날 처음 갔던 안티코 카페는 둘째 아들 리카르도가 경영하고 있다고 했다.

시칠리아의 전통, 젤라토 콘 브리오슈

본점에서 취재를 마치고 스피나토 일가족과 함께 안티코 카페로 장소를 옮겨 시칠리아의 특별한 전통 아이스크림 젤라토 콘 브리오슈(gelato con brioche)를 처음으로 맛보았다. 젤라토 콘 브리오슈는 13cm 정도 크기의 둥근 브리오슈(brioche)를 반으로 가른 다음 아이스크림을 넣어 샌드위치로 만든 특이한 맛의 아이스크림이다. 다만 브리오슈는 끝까지 자르지 않고 사이를 벌려서 아이스크림을 넣는다.

둥글납작하고 작은 모자 한 개를 위에 덧씌운 모양인 브리오슈는 젤라토 콘 브리오슈를 만드는 데 큰 몫을 한다. 스피나토만의 독특한 맛으로 개발해 만든 브리오슈는 팔레르모에서 손꼽히는 맛이라고 리카르도가 귀띔해줬다. 그는 32가지 맛의 아이스크림 중 시칠리아 산 피스타치오 맛 아이스크림을 잔뜩 넣은 젤라토 콘 브리오슈 한 개를 직접 만들어 나에게 건넸다. 몽실한 브리오슈는 매우 부드럽고 진득해 아이스크림과 함께 먹으니 맛이 기막히게 좋았다. 브리오슈는 단맛을 거의 느끼지 못할 정도였으며 달콤한 아이스크림의 풍부한 맛을 그대로 느낄 수 있었다. 얼마나 맛있게 먹었는지 '젤라토 콘 브리오슈를 맛본 후에는 콘에 든 아이스크림을 먹기 힘들다'는 말에 수긍이 갔다.

스피나토, 153년의 역사를 잇는 후손들

스피나토의 오랜 역사는 1860년 팔레르모의 한 작은 페이스트리 숍에서 시작되었다. 1대와 2대를 거쳐 3대째 가게를 맡은 로베르토의 할아버지 살바토레 스피나토(Salvatore Spinnato)는 전무후무한 제빵사였다. 팔레르모 여러 곳에 제과점을 운영하던 할아버지는 1900년대 초, 팔레르모 시내 중심가에 위치한 폴리테아마 극장과 근접한 작은 빵집을 인수하였는데 바로 지금의 알 폴리테아마 자리이다. 그는 제2차 세계대전과 파시즘(fascism)의 광풍이 몰아치던 당시, 감옥에 갈 수도 있는 위험을 무릅쓰고 팔레르모 시민들을 위해 빵을 구웠다.

4대인 마리오 스피나토는 비록 제빵사가 되지는 않았지만 그의 나이 12살이던 1958년부터 아버지한테 방과 후에 직접 제빵 기술을 배우기 시작했다. 그로부터 10년 후 그의 나이 22세가 되던 해, 팔레르모의 한 시장 앞에 있던 아버지의 첫 번째 빵집을 경영하면서 비스코티 레지나를 전문적으로 만들어 팔기 시작했다.

마리오는 1982년에 현재 스피나토의 본점 알 폴리테아마를 아버지께 물려받은 후 그의 부인과 함께 일하며 유명한 광고 디자이너를 통해 스피나토의 이미지를 새롭게 부각시켰다. 스피나토의 로고 'S'는 세 가지 색으로 이루어졌는데 노랑은 밀, 주황은 타오르는 불꽃 그리고 검정은 그을음을 뜻한다. 알 폴리테아마는 폴리테아마 극장과 가까이 있다 보니 다른 분점과 구별

젤라토 콘 브리오슈에 쓰이는 브리오슈는 본점
알 폴리테아마에서 만들어 공급한다. 작은 모자
한 개를 위에 덧씌운 모양의 브리오슈

1. 젤라토 콘 브리오슈 2. 반으로 가른
브리오슈에 피스타치오 아이스크림을 듬뿍
넣어준다. 푸짐하게 넣은 아이스크림과
브리오슈가 정말 먹음직스럽다

검정 모자를 쓰고 유니폼을 입은 종업원이
젤라토 콘 브리오슈를 손님에게 건네는 모습.
가격은 2.20유로(약 3천4백 원)이다

하기 위해 사람들이 붙여준 닉네임이다.

1987년 첫 사업 확장으로 안티코 카페를 연 이후 5대인 로베르토와 리카르도는 1990년부터 아버지 사업에 참여하기 시작했다. 시내 중심가에 오픈한 안티코 카페는 신세대 감각에 맞춘 엘리트 카페로 성공을 거두었다. 1994년부터 1998년에는 여러 슈퍼마켓에 다양한 빵을 공급, 판매하기도 했으며 2000년대는 스피나토의 또 다른 3개의 새로운 브랜드가 탄생하기도 했다. 이들의 큰 활약이 돋보였던 이 시기, 그들은 '스피나토 메이커'로 불리기도 했다.

스피나토의 꺼지지 않는 열정

두 형제는 셰프가 되고 싶지 않았냐는 질문에 날로 번성하는 아버지의 사업을 돕기에 바빴고 사업 경영이 더 흥미로웠다고 이구동성으로 답했다. 그들은 이탈리아 대도시의 유명한 페이스트리 숍을 두루 방문하며 전문지식을 쌓았고, 스위스에서 페이스트리 코스와 쇼콜라티에(chocolatier) 마스터 과정을 마쳤다. 2008년 새롭게 커피 사업을 벌인 리카르도는 카페 스피나토(Caffè Spinnato) 회사를 창업했다. 바리스타로 변신한 그는 스피나토의 긴 역사만큼 커피 사업을 지켜가고 싶다며 자신감과 열정이 넘쳤다. 이 야심찬 두 아들의 롤모델은 언제나 아버지였다. 로베르토는 어린 시절을 회상하며 가족을 위해 희생하고 열심히 일하던 아버지의 모습을 떠올렸다. 그는 아버지를 어린 시절부터 늘 존경해 왔으며 항상 아버지의 사랑에 진심으로 감사한다고 했다. 자신은 아버지가 사정상 바쁠 때만 직책을 대행한다며 아버지가 오래도록 스피나토를 이끌어나가길 진심으로 바란다고 했다.

스피나토는 '빵, 사랑 그리고 창조력'을 회사의 신조로 삼아 남다른 노력 속에 성장해왔다. 나는 두 형제에게 5대 경영자로서 어떤 신념으로 스피

1. 유일하게 빵 작업실에서 혼자 남아
작업하던 쥬세페(Giuseppe). 옆에서
지켜보던 아버지 스피나토
2. 40년째 쓰고 있는 반죽 믹서

왼쪽부터 리카르도, 부모님 그리고 로베르토

나토를 이끌 것인가 물었다. "스피나토의 신조를 바탕으로 '건강하게 먹자, 자연으로 돌아가자'라는 슬로건을 철저히 지키는 것이다. 빵, 아이스크림, 피자 등은 누구든지 만들지만 소수만이 순수한 원료로 제품을 만들고 있다. 우리는 신선하고 건강한 스피나토 제품을 지켜나갈 것이다."

나는 인터뷰를 마치며 로베르토에게 한국 독자들을 위해 스피나토를 대표하는 전통 과자 비스코티 레지나의 레시피를 가르쳐 달라고 간곡히 부탁했다. 시칠리아에서 돌아온 지 2주 만에 로베르토가 잊지 않고 보내온 스피나토 자료와 레시피를 받고 무척 기뻤다. 짧은 시간이었지만 나의 방문이 온 가족에게 좋은 추억이 되었다는 진심 어린 이메일을 읽으며, 친절했던 스피나토 가족의 모습이 시칠리아 풍경만큼 아름답게 느껴졌다.

〈비스코티 레지나(biscotti regina) 레시피〉

재료 • 박력분 1kg, 설탕 450g, 버터 300g, 달걀 4개 혹은 240g, 레몬 껍질 간 것(lemon zest) 10g, 반죽에 묻힐 깨소금 적당량

만드는 방법 • **1.** 믹서볼에 깨소금을 제외한 모든 재료를 넣고 10분간 믹싱한다 **2.** 완성된 반죽을 잘 덮어 냉장고에 2~3시간 정도 둔다 **3.** 반죽을 1.5cm 두께로 민 다음 2x4cm(가로 x 세로)로 자른다 **4.** 자른 반죽을 물에 살짝 적신 다음 깨소금에 굴린다 **5.** 190℃ 오븐에서 12분간 굽고 나서 60℃로 온도를 낮춘 오븐에서 30분간 말리듯 구워낸다

* 밀봉한 상태에서 약 두 달간 두고 먹을 수 있다

Spinnato
주소 Spinnato al Politeama, Piazza Castelnuovo 16/17, 90141, Parlermo, sicily, Italy
전화 (+39)91 329 220 웹사이트 www.spinnato.it 이메일 info@spinnato.it

Panettone of Compagnia de pane
이탈리아에서 찾은 특별한 빵집
콤파냐 델 파네

파네토네(panettone)가 없는 크리스마스는 상상조차 할 수 없는 이탈리아. 한 제빵사가
사랑하는 사람을 위해 만들었다는 파네토네는 사랑으로 가득한 성탄절에 딱 어울리는 빵이다.
이 특별한 빵을 유별난 정성으로 만드는 콤파냐 델 파네(Compagnia del Pane)의 제빵사는
반죽을 만들 때 시계를 쳐다보지 않는다. 반죽이 내는 소리와 표정으로 반죽의 상태를
'읽어내는' 그는 인내와 정성으로 빵을 만든다. 이탈리아뿐 아니라
전 세계의 사랑을 받는 성탄 빵을 찾아 로마를 찾았다.

로마의 테베레(Tevere) 강이 흐르는 시내 중심부. 로마 교황청이 있는
독립 도시국가 바티칸 시티에는 사계절 내내 관광객이 끊이질 않는다. 성탄
절 즈음 더욱 활기 넘쳤던 바티칸 시티. 로마에 도착하자마자 여러 빵집을 찾
아봤지만 직접 찾기가 쉽지 않았고 역시 현지인이 추천하는 빵집이 가장 확
실할 것 같았다. 호텔의 리셉셔니스트에게 맛있는 빵집을 소개해달라고 하니
선뜻 '콤파냐 델 파네(Compagina del Pane : 빵 회사)'를 추천해줬다.

다음 날 아침, 호텔에서 15분 정도 거리의 콤파냐 델 파네를 찾아갔다.
중심가에서 약간 떨어진 파비오 마시모(Fabio Massimo) 거리의 나지막한 건
물들 사이에 자리한 빵집. 길고 널찍한 매장에는 커피를 마시거나 빵을 구매
하는 손님들 몇 명이 보였다.

매장의 어느 누구하고도 의사소통이 안되서 나는 일단 영어로 의사소

통할 수 있는 손님을 하염없이 기다렸다. 다행히 얼마 후 손님의 도움으로 제빵사이자 운영자인 코리날데시(Vittorio Corinaldesi)와 취재 계획을 잡을 수 있었다. 하지만 막상 취재 당일이 문제였다. 나는 궁리 끝에 호텔 리셉셔니스트에게 미리 작성한 질문지를 이탈리아어로 써달라고 했고 그가 종이에 적어 준 대답을 다시 영어로 번역해달라고 부탁해야 했다.

오븐 한 대로 출발한 꿈

코리날데시의 부모는 1927년 로마 교외의 포르투엔제(Portuense)에서 달랑 오븐 한 대로 빵 도매상을 시작했다. 그러다 1940년 즈음부터 직접 고객들에게 빵을 판매했는데, 1960년대 포르투엔제의 인구가 증가하면서 고객이 늘어나고 사업이 번창해 매장 규모를 늘리게 되었다. 세 형제는 부모님의 빵집에서 가까운 곳에 두 번째 매장을 개업했다. 그중 둘째인 코리날데시는 부인 파올라(Paola Piergentili) 사이에 세 자녀를 두었는데, 두 아들 마시모(Massimo), 로베르토(Roberto) 그리고 딸 바바라(Barbara)가 사업에 동참해 3대째 가업을 이어가고 있다. 그의 세 자녀들은 1990년 고객의 입맛과 변화된 음식 문화를 인지하고 빵집을 대대적으로 변화시켰다. 매장마다 다양한 빵을 만들고 새로운 널빤지 모양의 피자, 페이스트리, 와인, 파스타 등의 메뉴를 추가했으며 델리카테슨(delicatessen : 햄, 치즈, 소시지, 샐러드 등을 파는 곳)을 같이 운영했다. 손님들은 한편에 마련된 넓은 테이블에서 간단한 식사를 하면서 커피를 비롯한 여러 음료를 마실 수 있다. 2004년에는 포르투엔제의 본점에서 차로 20여분 거리에 있는 시내 중심가에 세 번째 매장을 열고 큰 아들 마시모가 전적으로 경영을 도맡아 하고 있다. 코리날데시의 부인 파올라도 직원들과 똑같은 유니폼을 입고 매장의 모든 일에 관여하며 돕는다.

1. 콤파냐 델 파네의 매장 내부 모습 2. 점심 시간 풍경 3. 코리날데시 가족. 아내 파올라도 다른 직원들과 똑같은 작업복을 입고 있었다. 모두 무뚝뚝하게 사진을 찍어 내가 "모차렐라〜"라고 외치자 모두 함박웃음을 터뜨렸다 4. 코리날데시와 마시모가 작업장에서 의견을 나누고 있다

5. 바쁜 점심 시간에는 번호표를 받고 기다려야 한다
6. 통밀로 만든 얇은 과자 같은 빵 '파네 아치모(Pane Azzimo)'. 이스트가 첨가되어 있지 않은 빵이다

1. 피자가 다 구워진 모습. 너무 길어
손님이 원하는 만큼 잘라 판다
2. 샐러드, 즉석 샌드위치 등 이미
만들어진 음식들을 델리카트슨에서
판매한다 3. 다양한 데니시 페이스트리
4~9. 여러 종류의 타르트(tarte)

작업실의 직원들은 새벽 4시 반부터 두세 차례 교대 근무하며 빵집이 문 닫는 저녁 7시까지 오븐을 가동한다. 코리날데시가 작업 도중 나에게 계속 같은 말을 반복해 중요한 말 같아 받아 적었는데, 나중에 리셉셔니스트에게 물어보니 "여기는 '빵 공장'이 아닌 개인이 하는 빵집"이라는 말이었다. '빵 회사'라는 빵집 이름 때문에 나에게 몇 번이나 강조한 것 같다.

로마가 깊은 잠에 빠져 있을 때 콤파냐 델 파네 빵집은 50여 종류의 빵을 구워 일요일을 제외하고 오전 7시부터 사람들에게 빵을 팔기 시작한다. 일요일은 문을 닫지만 특별히 성탄절을 앞둔 11월 말은 너무 바빠 일요일에도 연다. 오후 1시가 되자 매장은 발 디딜 틈도 없이 손님들로 꽉 차 번호표를 뽑고 기다려야 해 놀라지 않을 수 없었다. 약 30여 명 정도 앉을 수 있는 모든 테이블이 사람으로 가득 차 한산했던 아침의 풍경과 완전히 달랐다. 선반에 진열된 많은 빵들 중 유독 '피자 비앙카(pizza bianca)'가 눈에 띄었는데 눈짐작으로 길이가 거의 1.3m 남짓해 보였다. 피자 비앙카는 토핑 없는 로마식 피자빵이다. 길고 도톰하게 민 반죽을 포카치아 만들 듯이 양 손가락 끝으로 꾹꾹 눌러 자국을 내면서 늘린 후 굽는다. 다 구운 후 식은 상태에서 브러시로 올리브오일을 살짝 발라 손님들이 원하는 만큼 즉석에서 잘라 판다. 이와 똑같은 형태로 빚은 직사각형 피자는 반죽 위에 토마토 페이스트만 발라 굽기도 하고 아니면 직사각형의 피자로 굽기도 한다.

사랑과 정성으로 만드는 파네토네

1500년경 밀라노에서 만들기 시작한 파네토네의 여러 가지 유래 중 달콤한 사랑 이야기가 하나 있다. 매일 빵집 앞을 지나는 여인을 사랑했던 토니는 그녀를 위한 특별한 빵을 만들어 사랑을 고백했다. 빵 맛에 반한 그녀

1. 로마 외곽에 위치한 콤파냐 델 파네 분점의 모습.
성탄절 장식으로 매장 외관을 꾸몄다

2. 완성된 파네토네 **3.** 일요일 아침 8시 매장. 간결하고 모던한 실내장식의 내부

는 토니와 결혼했고, 그 특별한 빵은 '파네 데 토니 (pane de Toni : 토니의 빵)'라는 이름으로 알려져 많은 사람들의 사랑을 받게 된다. 한 공작이 우연히 크리스마스에 토니의 빵을 먹은 후 해마다 이 빵을 찾기 시작했는데 사람들이 공작에게 이 빵을 선물하면서 크리스마스에 파네토네를 먹는 전통이 시작되었다고 한다.

이곳까지 와서 파네토네 만드는 것을 지나칠 수는 없었다. 그에게 파네토네 만드는 것을 보고 싶다고 하니, 일요일이었던 다음 날 일찍 로마 외곽의 분점에서 만든다고 했다. 깜깜한 새벽 길을 택시로 20여 분을 달려 약속한 오전 6시보다 조금 일찍 도착했다. 분점은 시내 중심가의 본점보다 규모가 크며 실내장식이 모던하고 무척 세련됐다. 직원의 안내로 작업실에서 잠시 기다리자 코리날데시가 작업복 차림으로 나타났다. 잘 정돈된 널찍한 작업실에는 반죽 믹서들이 열심히 돌아가고 옆에 있는 페이스트리 작업실의 바쁜 직원들 모습도 눈에 띄었다.

큰 플라스틱 통 안에는 전날 만들어 놓은 듯한 예쁜 병아리색의 파네토네 반죽이 한창 부풀어 있었다. 반죽의 상태가 궁금해 손으로 눌러 보고 잡아당겨도 봤다. 죽죽 늘어나는 게 정말 부드러웠다. 플라스틱 통 안에 든 반죽을 바로 빚는 줄 알았는데 약 30kg 되는 반죽을 다시 반죽 믹서에 넣어 소량의 밀가루, 설탕, 달걀 그리고 물을 추가로 넣고 돌리기 시작했다. 약간 질퍽해진 반죽을 20여 분 돌린 후 파네토네 향신료 액체(super aroma panettone)를 넣자 작업장은 파네토네가 다 구워진 것으로 착각할 만큼 냄새가 진동해 코가 흔들릴 정도였다. 그러고 나서 다시 반죽을 20여 분 돌리니 다시 맨 처음 반죽과 똑같은 상태로 말랑거렸다. 믹서의 후크가 돌아가면서 내는 반죽의 모양이 마치 꽈배기 같은 모양을 막 보이기 시작하자 코리날데시는 잘게 썬 버터를 넣었다. 이렇게 다시 40여 분간 기계 반죽을 하는 동

안 많은 기포가 생겼는데 코리날데시가 나에게 반죽을 만져보라고 해 조금 떼어 보니 손에 거의 들러붙지 않는 상태였다.

기계 속의 반죽이 '풀럭풀럭'거리며 기포 터지는 소리를 내기 시작하자 그는 두어 번 소리를 따라 하며 나에게도 들어보라는 손짓을 했다. 마치 아기의 옹알이 소리를 흉내 내는 아빠처럼 매우 흡족한 표정이었다. 기계 앞에 서서 반죽의 형태를 체크하던 그는 진지한 모습으로 반죽에서 눈을 떼지 않았다. 그 와중에도 기계를 몇 번씩 멈추고 스크레이퍼로 반죽을 긁어주며 나에게 반죽을 길게 잡아당겨 보여주었다. 엿가락처럼 늘어나는 반죽은 글루텐이 잘 형성된 것을 알 수 있었다. 노란 색깔의 뭉게구름 같던 반죽은 서서히 한 덩어리로 뭉쳐져 마침내 완전한 꽈배기 모양의 예쁜 선을 만들었다. 코리날데시는 반죽하는 시간을 재는 게 아니라 반죽의

1,2,3. 전날 만들어 놓은 잘 발효된 30kg 정도의 반죽에 미리 섞어 놓은 오렌지 필, 라임 필, 건포도를 함께 넣은 다음 약간의 밀가루, 달걀, 버터, 물을 넣고 재반죽에 들어간다 4. 마치 엿가락같이 길게 늘어나는 반죽

표정을 읽고 반죽이 내는 소리에 귀를 기울였다. 믹서 안에 퍼져있던 반죽이 차차 중앙으로 뭉쳐져 후크의 가운데가 비고 도넛 모양이 되자 반죽 믹서를 멈추고 소량의 초콜릿 칩을 넣었다. 그는 서서히 도는 반죽 믹서를 잠깐씩 세워 여러 번에 걸쳐 초콜릿 칩이 고루 섞이게 넣었다. 초콜릿 칩을 모두 넣은 다음에는 정확히 1분간 아주 낮은 속도로 부드럽게 기계를 돌려 초콜릿 칩 형태를 유지했다. 반죽이 완성될 때까지 한시도 기계 앞을 떠나질 않고 내내 지켜보던 코리날데시의 진지한 모습이 인상적이었다.

처음부터 모든 과정을 도맡아 하던 그는 반죽 과정이 다 끝나자 그제야 직원을 불렀다. 반죽을 다시 커다란 플라스틱 통으로 옮겨 담고 한 시간 동안 1차 발효에 들어갔다. 발효가 끝난 반죽을 둥글게 빚어 긴 선반 위에 세 줄로 빼곡히 채워 비닐을 덮고 다시 40여 분 동안 2차 발효를 시켰다. 마지막으로 반죽을 다시 한 번 둥글게 치대 파네토네 종이 용기에 일일이 담은 후 발효시켰는데, 이 과정이 무려 4시간이나 걸린다고 했다. 그다음이 빵 위에 칼집을 내고 오븐에 굽는 것인데, 그곳에서 막연히 4시간을 기다릴 수 없어 난감했다. 하지만 다행히도 다음 날 본점에서 오후 2시에 파네토네를 굽는다고 해서 그때 다시 만나기로 했다.

입안에 퍼지는 파네토네의 풍미, 판타스티코!

다음날 작업장에 도착하니 코리날데시는 어제와 달리 건포도, 오렌지 필, 라임 필을 넣은 정통 마른 과일 파네토네 반죽을 만들어놨다. 그는 종이 용기에 담긴 반죽 위에 손수 하나하나 십자로 칼집을 내기 시작했다. 그 위에다 한 직원이 주사위 크기보다 약간 크게 자른 버터를 한 개씩 올려놓았다. 그리고 20여 분이 지난 후 드디어 파네토네를 오븐에 넣기 시작했다. 이날은

3kg과 5kg짜리 두 종류의 파네토네를 만들었는데 3kg짜리는 170℃ 오븐에서 35분 동안 굽다가 중간에 증기를 한 번 뿜어준 다음 10분간 더 구웠다. 5kg짜리는 회전하는 팬 오븐(fan oven : 대류식 전기 오븐)에 넣고 꼬박 2시간 반~3시간을 구웠다. 그는 파네토네가 구워지는 동안 오븐 앞에서 지켜보고 냄새를 맡았다. 다 구워진 파네토네 색을 일일이 체크하고 직원이 오븐에서 꺼내는 것을 거들며 색이 덜돼 보이는 것은 다시 오븐 뒤편으로 넣어 더 굽게 했다.

마침내 노란 병아리색의 반죽이 오랜 과정을 거쳐 완벽한 진 밤색의 파네토네로 탄생했다. 방금 오븐에서 나온 파네토네가 너무 뜨거워 자를 수 없어서 어제 구운 초콜릿 파네토네를 반으로 자르니 겨자 빛의 파네토네 속에 초콜릿이 촘촘히 박혀 있었다. 크고 작은 많은 구멍에서 진한 향이 새어나오는 듯했다. 파네토네의 가격은 1kg이 16유로(약 2만4천 원), 제일 큰 5kg은 80유로다. 코리날데시가 잘라 준 파네토네를 한 입 먹으니 촉촉하면서 달지 않은 맛이 입안에서 그냥 녹는 듯했다. 이탈리아 요리사가 텔레비전에서 하던 대로 손가락을 입에 갖다 모으고 맛이 훌륭하다며 "판타스티코(Fantastico)!"라고 하자 그는 환히 웃었다. 이 맛이 바로 파네토네 본고장 맛이 아닐까. 정말 맛있었다. 판타스티코, 파네토네!

The Untold Story

12살에 빵을 배우기 시작해 올해로 64년에 접어든다는 코리날데시 할아버지. 그가 노트에 적었던 말이 참으로 인상 깊었다. "나는 지금도 빵을 처음 굽기 시작했을 때와 똑같은 마음으로 빵을 굽는다." 오븐 앞에서 진지한 모습으로 빵을 묵묵하게 지켜보던 그의 모습이 머릿 속에서 떠나지 않는다.

1. 반죽을 동그랗게 빚고 있는 코리날데시 2. 빚은 반죽은 비닐로 덮고 40여 분 동안 2차 발효시킨다
3. 2차 발효되는 동안 반죽들이 거의 선반에서 떨어질 듯 매달려 있다 4. 반죽은 종이 용기에 담겨 마지막
3차 발효에 들어간다. 이렇게 작았던 반죽이 4시간 후 용기 안에 꽉 찬다. 코리날데시가 일일이 칼집을
내면 직원이 주사위보다 좀 더 큰 사이즈의 버터를 한 개씩 위에 올려놓는다

갓 구워진 파네토네를 점원이 진열하고 있다

케이스에 담아 포장한 성탄용
선물들과 판도로

Compagnia del Pane

주소 Compagnia del Pane, Via Fabio Massimo 87a-89, 00192, Roma Italy
전화 (+39)063241605 웹사이트 http://www.compagniadelpane.net

오스트리아 빈의 V

자허 호텔

Hotel Sacher

S 달콤한 케이크 전쟁

데멜 카페

Café Demel

Sacher Hotel VS café Demel 자허 호텔 VS 데멜 카페
오스트리아 빈의 달콤한 케이크 전쟁 I

세계사에만 '전쟁'이 있는 것은 아니다. 아름다운 음악의 도시 빈에도 오래된 케이크 전쟁이
있었다. 바로 자허 호텔과 데멜 카페 간에 벌어진 달콤 쌉쌀한 전쟁. 유별나게 길었던
이 전쟁은 겉모양은 같지만 속이 다른 두 케이크를 남겼다. 전쟁은 끝났지만 최고의 케이크를
만든다는 자부심은 아직도 고집스럽게 이어지고 있다. 오스트리아 최고의 특별한 케이크를
만드는 자허 호텔과 데멜 카페를 찾아가 보았다.

20세기 초에 일어난 자허 호텔와 데멜 카페의 법정 다툼은 세간에 널리
알려져 있다. 걸어서 10분도 채 안 걸리는 지척의 자허 호텔과 데멜 카페 사이
에 벌어졌던 케이크 전쟁. 누가 승자이고 패자인지 말하기는 어렵다. 세계 어디
서나 만드는 자허토르테를 두고 어떻게 이 별난 케이크 싸움이 시작되었을까?

1832년 메테르니치 왕자(Prince Klemens Wenzel von Metternich)는
어느 날 개인 요리사에게 중요한 손님을 위한 특별한 디저트를 주문했다. 그
런데 요리사가 병이 나 16살의 실습생 프란츠 자허(Franz Sacher)가 즉흥적
으로 케이크를 만들게 되었는데 이렇게 그의 이름을 붙인 자허토르테가 탄
생하게 되었다. 그후 1876년 아들 에두아르드(Eduard)가 자허 호텔을 열었
고, 에두아르드가 세상을 뜬 후에는 그의 부인 안나 자허(Anna Sacher)가
경영을 맡게 된다. 그녀는 자허 호텔을 빈의 최고 호텔로 부상시켰다. 하지만

그녀가 사망한 후 1934년 호텔은 부도가 니고 새 주인을 맞게 되었으며 1938년 이 새 주인은 자허 토르테를 판매하기 시작한다. 하지만 공교롭게도 같은 해 자허 호텔과 전혀 무관했던 아들 에두아르드(아버지와 이름이 같다)가 데멜 카페에 '에두아르드 자허토르테'라는 이름을 사용할 수 있도록 승인해준다. 이렇게 해서 두 곳 모두 자허토르테를 판매하게 되었고 '자허토르테'라는 명칭을 두고 긴 전쟁이 시작된 것이다. 이 법정 싸움은 상품명 사용은 물론 특정 제조 방법의 차이까지 거론된 치열한 소송이었다.

1, 2차 세계대전을 겪으며 휴면 상태였던 분쟁은 전쟁이 끝난 이후 다시 시작됐다. 1954년 자허 호텔 주인이 데멜 카페를 고소한 것이다. 다시 수년에 걸친 싸움 끝에 드디어 1965년 자허 호텔은 세계에서 유일하게 자허토르테 이름 앞에 '오리지널'이라는 명칭을 쓸 수 있는 법적인 권한을 갖게 되었다. 데멜 역시 '에두아르드 자허토르테'라는 이름을 쓸 수는 있었지만 특정 제조 방식은 포기하게 된다. 외관상으로는 같아 보이지만 속은 다른 두 케이크가 탄생하게 된 것이다. 데멜이 포기한 제조 방법이 무엇인지는 뒤에 공개하니 좀 더 궁금해 해도 좋겠다. 유별나게 길었던 자허토르테의 전쟁은 이렇게 끝이 났다. 전쟁은 끝났지만 '최고'를 다투는 선의의 경쟁은 그 뒤로도 팽팽하게 이어지며 많은 사람들은 두 집의 자허토르테를 비교하는 '맛의 전쟁'을 즐기고 있다.

자허 호텔을 만나다

자허 호텔에 연락하기 얼마 전 BBC 방송의 요리 프로그램 〈Hairy Bikers' Bakeation〉을 시청하게 되었다. 두 '털보' 셰프는 유럽의 여러 나라를 방문하여 셰프들과 작업실에서 직접 요리를 실연하는데, 빈의 자허 호텔에 대

1. 나무 상자에 포장돼 판매되거나 외국으로 배달되는 자허 호텔의 자허토르테 2. 데멜 카페의 앙증맞은 미니 자허토르테

해 다루면서 간단히 소개하고 지나쳐 의외였다. 'BBC 방송도 작업실 출입을 제한하는데 과연 인터뷰 제안에 응할까'하는 마음에 간이 콩알만 해졌다. 연락한 지 사흘 후, 언론 홍보 매니저 코자(Christine Koza)가 회답을 보내왔고 이메일을 여는 순간 가슴이 콩닥거렸다. 'We are very pleased…'라고 시작되던 문구가 확대경을 들이댄 것처럼 눈에 들어왔다. 가뿐히 시작된 출발에 한껏 기뻤다. 그러나 호텔 위생관리법의 엄격한 규제로 작업실 내부 사진 촬영은 허가할 수 없다고 전해왔다. 매니저와 여러 번에 걸친 논의 끝에 케이크 사진 촬영만 하기로 확정지었다.

초여름에 도착한 빈의 날씨는 36℃를 웃돌았다. 지하철을 타고 시내 중심가에 있는 슈테판 성당(Stephansdom) 역에 내려 성당을 둘러보고 널찍한 보행자 전용 구역 길을 따라 걸었다. 간간이 눈에 띄던 케이크 숍을 구경하다 보니 빈은 역시 케이크의 천국이었다. 10여 분을 걷자 국립 오페라 하우스와 자허 호텔이 작은 도로를 사이에 두고 나란히 보였다. 카페 자허(Café

자허 호텔의 외관

1. 호텔 벽면에 걸린 간판과 똑같은 모양의
초콜릿을 자허토르테 위에 하나씩 올려 장식한다
2. 카페 자허 내부 모습. 입구 정면에 케이크를
진열해 사람들이 직접 보고 고를 수 있다

Sacher)와 자허토르테를 판매하는 자허 콘피저리(Sacher Confiseri)는 자허 호텔 1층에 있다. 건물 외벽에 1741년 이탈리아 작곡가 안토니오 비발디가 살았다는 현판이 보이고 바람 한 점 없이 찌는 더위에도 자허 콘피저리 앞의 노천 테이블은 만원이었다.

약속한 시간보다 10여 분 일찍 호텔 로비에 도착해 기다리다 총지배인 하일만(Reiner Heilmann)을 만나 접견실로 옮겼다. 인터뷰를 시작하면서 케이크 다섯 종류와 커피 두 종류를 촬영하고 싶다고 하자 하일만은 바로 주방에 전화해 목록을 전달했다. 그가 잘츠부르거 노케를(Salzburger Nockerl)까지 모두 준비된다고 할 때 얼마나 멋져 보였는지 모른다. 내가 요청한 케이크 종류 중 잘츠부르거 노케를은 주문을 받은 후 즉석에서 바로 만드는 것으로 시간이 제법 걸리는 특별한 디저트라 사실 부탁하면서도 반신반의했었다. 사진으로만 봤던 잘츠부르거 노케를을 직접 눈으로 볼 수 있다니 머리속은 온통 그 생각으로 가득 찼다.

내가 대학에서 자허토르테를 배울 때는 그 위에다 필기체로 자허(Sacher)를 파이핑했었는데, 하일만에게 그 얘기를 했더니 "자허토르테는 글씨가 아닌 자허 이름을 쓴 둥근 초콜릿 장식을 한다"며 웃었다. 나는 가장 중요한, 자허 호텔의 자허토르테 매력에 대해 물었다. "우선 케이크의 기본인 스펀지 맛부터 다르다. 스펀지는 중간을 반으로 갈라 살구잼을 바르고 케이크 전체를 살구잼으로 다시 한 번 코팅한다. 살구잼을 바른 뒤에 다시 도톰하게 덮은 특별한 초콜릿이 결정적인 맛의 차이를 만든다"라고 설명했다.

자허토르테 전쟁의 또 다른 주인공 데멜 카페의 자허토르테는 스펀지 케이크 중간을 반 가르지 않고 케이크 전체를 살구 잼으로 코팅한다. 자허 호텔과 달리 스펀지 중간을 잘라 살구잼을 넣지 못하는 것. 이것이 데멜이 포기해야 했던 중요한 제조 방법이었던 것이다. 또한 초콜릿은 몇 종류 초콜릿 회

1. 자허 호텔 건물 1층에 있는 자허 콘피저리 매장 모습 2. 총지배인 하일만

사 제품을 섞어 쓴다며 나라 이름은 물론 아무것도 알려 줄 수 없다고 말을 잘랐다. 인터뷰를 하다 보면 대부분 고급 초콜릿을 쓰는 것을 아주 자랑스러워 하고 제품의 회사 이름도 공개한다. 하지만 구체적인 내용에 대해 함구하는 그를 보면서 아직도 '최고의 자허토르테'를 두고 자허 호텔과 데멜 카페 사이에 흐르는 미묘한 긴장감을 느낄 수 있었다.

세계 어디서든 맛볼 수 있는 오리지널 자허토르테

긴 분쟁 끝에 자허 호텔의 자허토르테는 '오리지널 자허토르테'라는 이름을 달고 매해 36만 개 이상 세계 각국으로 판매된다. 1832년부터 181년 동안 비밀에 부쳐진 레시피로 만드는 자허토르테는 오늘날 세계적인 케이크로 군림하고 있다. 레시피 원본은 은행에 보관되며 호텔 관계자 몇 명만이 봤다고 한다.

안나 자허(Anna Sacher) 레스토랑 내부는 초록색으로 꾸며져있다.

초콜릿에 대해 말을 아끼던 총지배인을 통해서도 알 수 있듯이 자허토르테의 맛은 초콜릿의 품질이 좌우한다. 또한 오리지널 자허토르테의 필수 조건은 적정하게 유지되는 재료의 온도 및 작업실의 알맞은 온도 그리고 습도이다. 정통 오리지널 자허토르테는 달걀흰자와 버터를 기계로 돌리는 것 외에 모두 수작업으로 만들어지며 달걀 깨는 것부터 나무 상자에 담아 포장하기까지 총 34번의 단계를 거친다. 하루 3천 개를 생산하는 자허토르테는 '오리지널 자허토르테와 호텔 자허 빈'이라고 써져 세계로 배달된다. 자허 호텔 1층의 자허 콘피저리(Sacher Confiseri)에는 주문서를 작성하는 손님을 위한 책상 두 개가 놓여 있다.

자허토르테는 크기가 8~22cm이며 크기에 따라 5종류로 나뉜다. 우리나라에서 22cm 크기의 자허토르테를 주문하면 DHL비를 포함해 약 11만 원(80유로)이 든다. 보관은 16~18℃가 적절하고 유효 기간은 10~20일이며 설탕을 넣지 않은 휘핑크림과 같이 먹으면 더욱 맛있다. 하일만이 말해준 재미난 사실은 손님들이 토르테가 영구 보존될 것이라고 믿는다는 것이다.

자허 호텔 입구 오른쪽에 있는 자허 카페에서는 자허토르테와 다양한 케이크, 커피 등의 음료를 즐길 수 있다. 온통 진한 자주색으로 꾸민 인테리어는 샹들리에의 불빛과 어우러져 은근히 화려하다. 이곳에서는 빈의 유명한 커피, 아인슈패너(Einspänner)와 비에너 멜랑지(Wiener Mélange : 멜랑지는 섞는다는 뜻의 불어)를 맛볼 수 있다.

아인슈패너는 19세기경 빈에서 전통적으로 말 한 마리가 끌던 마차를 의미하는데, 사기로 된 일반적인 커피잔과 달리 손잡이가 달린 유리컵에 마신다. 에스프레소 두 잔, 뜨거운 물 30mL에 오렌지 향의 리큐어(liqueur : 맛이 달고 과일 향이 나는 술)를 약간 넣어 휘핑크림을 얹은 이색적인 커피 맛이다. 언뜻 보기에는 커피에 거품을 낸 우유를 넣은 카푸치노와 비슷한 빈 스타일의 카푸치노이다. 특이한 것은 커피를 주문하면 물 한 컵이 딸려 나온다는 것인데, 이는 커피의 이뇨 작용 때문에 몸이 건조되는 것을 도와주며 커피 맛을 중성화시킨다고 한다. 체코, 슬로바키아 등의 나라에서도 커피와 물을 함께 서빙한다. 자허 카페 옆 모퉁이를 돌아가면 각종 케이크, 음료 등 가벼운 식사를 하는 코너라는 뜻의 자허 에크(Sacher Eck)와 자허토르테를 판매하는 자허 콘피저리가 나란히 있다.

달콤한 케이크들의 향연

하일만과의 인터뷰가 끝나 갈 즈음, 언론 홍보 매니저 코자가 호텔에 관련된 여러 자료를 준비해 접견실로 찾아왔다. 곧이어 주방에서 배달된 자허토르테와 케이크들이 속속 도착하기 시작했다. 코자는 셰프가 잘츠부르거 노케를을 갖고 왔다며 흥분한 목소리로 말했다. 입구에 2009년부터 자허 호

1. 온통 자주색인 자허 카페 실내는 한낮에도 켜 놓은 샹들리에 불빛이 곁들여져 더욱 화려하다. 테이블마다 놓여 있는 특이한 잡지 스탠드
2. 검은 원피스에 흰 머리띠와 앞치마를 두른 웨이트리스가 고맙게도 진열된 자허토르테를 꺼내 들더니 포즈를 취해줬다

3. 레테르가 직접 만들어 온 잘츠부르거 노케를과 빨간색의 크랜베리 소스
4. 크랜베리 소스와 함께 나오는 요리를 뜻하는 노케를(Nockerl)은 이름 그대로 크랜베리 소스가 딸려 나온다

1. 에스테르하지 토르테(Esterhazy torte) 2. 카디날슈니테(Kardinal-schnitte) 3. 애플스트루들(Apfel-strudel)
4. 도톰한 초콜릿이 씌워진 토르테는 파이핑한 휘핑크림과 함께 서빙되며 4.60유로(약 6천6백 원)이다.
얇은 초콜릿과 케이크를 동시에 먹는 맛

텔에 근무한 젊은 셰프, 레테르(Andreas Retter)가 급하게 달려 온듯 얼굴이
벌겋게 상기된 채 노케를을 들고 서 있었다. 나는 노케를을 처음 보는 순간
감탄했다. 살짝 병아리색을 띤 채 연한 밤색으로 구워진 노케를. 봉긋하게 솟
은 근사한 모양 위에 하얀 아이싱슈거가 뿌려진, 그야말로 예술 작품이었다.
17세기경 잘츠부르크(Salzburg)에서 유래한 노케를은 가볍고 달콤한 수플레
(soufflé : 달걀흰자 거품으로 볼륨을 내 굽는 가벼운 질감의 프랑스 디저트)
와 비슷하다. 삐죽 솟은 봉우리 형태는 잘츠부르크를 에워싼 산을 나타내고
위에 뿌린 아이싱 슈가는 정상에 쌓인 눈을 묘사하고 있다. 하지만 눈으로

즐기던 것도 잠깐, 노케를은 수플레처럼 시간이 지나면 볼륨이 꺼지면서 주저앉기 때문에 서둘러 사진을 찍어야 했다.

레테르에게 노케를 먹는 방법을 물어보자 큰 스푼 2개로 접시에 덜어 크랜베리 소스를 곁들여 먹는다고 했다. 3인분이라는 레테르의 설명에 다시 보니 정말 뾰족한 산봉우리가 3개였다. 사진 촬영이 끝나가자 소복했던 노케를은 푹 꺼져 버렸다. 코자는 빙그레 웃으며 말했다. "자, 이제부터 여기 있는 케이크들을 다 맛봐야죠?" 이런 행복한 순간이 또 있을까? 테이블 위에는 커피와 케이크들이 가득했다.

가장 궁금했던 자허토르테에 제일 먼저 포크가 갔다. 2~3mm의 두툼한 초콜릿이 덮인 촉촉한 스펀지 조각을 입에 넣으니 초콜릿과 살구잼의 절묘한 배합이 더할 나위 없이 맛있었다. '이래서 오리지널을 찾나 보다'라는 생각이 절로 들었다. 그사이 노케를은 푹 꺼졌지만 달콤한 크랜베리 소스를 얹어 입에 넣는 순간, 보들보들한 노케를이 입에서 저절로 녹아내렸다. 시간이 얼마나 흘렀는지 비에너 멜랑지에 역시 그득하게 올라왔던 크림이 완전히 꺼져 있었다. 나는 생전 처음 그 많은 최고급 케이크들을 한꺼번에 맛만 보고 죄다 남기는 호사를 누렸다. "자허 호텔을 찾은 손님들을 꼭 다시 오게 만드는 것이 우리의 모토"라고 말한 하일만의 말처럼 이곳의 케이크는 꼭 한번 다시 와서 먹고 싶은 그런 맛이었다.

Hotel Sacher

주소 Hotel Sacher, Philarmonikerstraße 4, 1010 Wien, Austria

전화 (+43) 1 514560 웹사이트 www.sacher.com

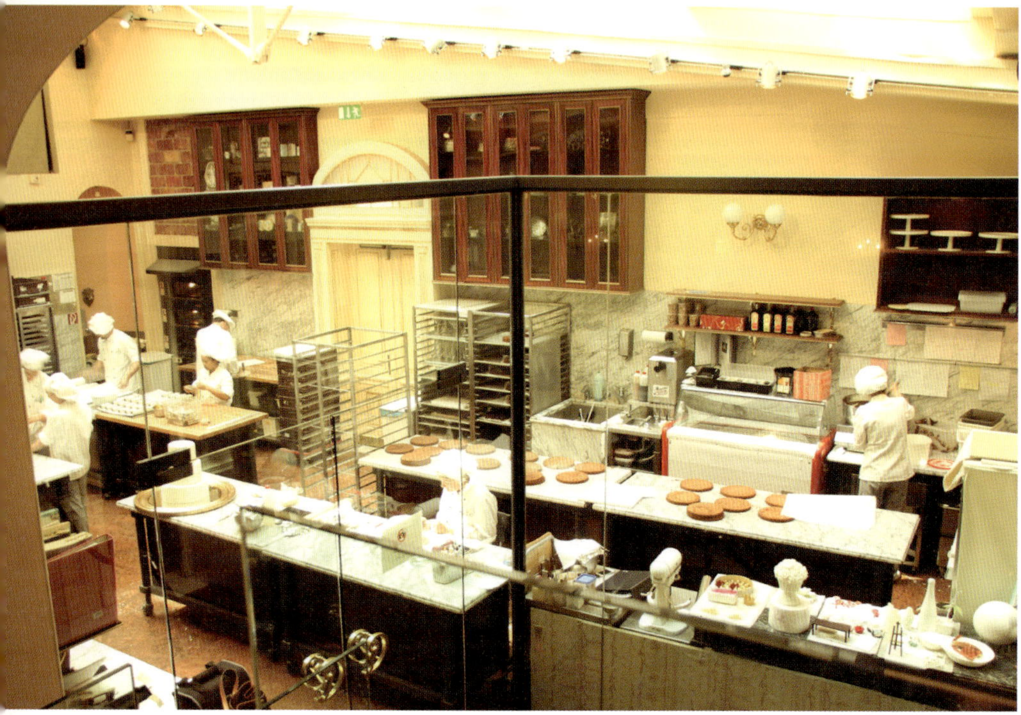

DEMEL
K. U. K.
HOFZUCKERBÄCKER
CHOCOLADENFABRIKANT
WIEN

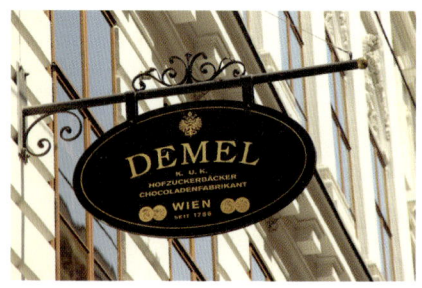

Hôtel Sacher VS café Demel 자허 호텔 VS 데멜 카페
오스트리아 빈의 달콤한 케이크 전쟁Ⅱ

빈의 랜드마크인 데멜은 케이크를 좋아하는 사람들뿐만 아니라 누구라도 꼭 한 번은
가봐야 하는 'must-see' 리스트로 꼽힌다. 빈의 대표적인 관광 명소인 셈이다. 더욱이
자허토르테를 아는 사람들은 데멜 카페와 자허 호텔 중 어느 곳을 가야 할지 행복한 고민에
빠지기도 한다. 두 곳을 다 방문했다면 부러움의 대상이 될 것이고 적어도
이 중의 한 곳은 가봐야 '빈을 맛봤다'라고 말할 수 있을 것이다.

빈의 또 다른 랜드마크, 데멜 카페

지하철을 타고 슈테판 대성당이 있는 슈테판 광장(Stephansplatz) 지하
철역에 내려 걷기 시작했다. 역에서 불과 10분도 채 안 걸려 시내 중심가에 있
는 콜마르크트(Kohlmarkt) 거리가 끝나는 길목에 이르자 데멜이 시야에 들
어왔다. 콜마르크트는 '숯 시장'이라는 뜻으로 14세기경에 숯을 팔던 장소의
이름을 따서 지어진 이름이다. 지금은 명품 숍들이 즐비한 호사스러운 쇼핑거
리이다. 데멜의 노천카페에 앉으면 미하엘 광장(Michaelerplatz)의 커다란 호
프부르크(Hofburg) 왕궁이 가까이 보인다.

데멜 1층 입구에 들어서면 보이는, 바닥에 깔린 꽃무늬 타일과 천장의
호화로운 꽃 모양의 바로크스타일 장식이 참 예쁘다. 왼편에 있는 목재 진열대
의 유리로 된 쇼케이스 안에는 수십 종류의 화려한 케이크와 과자가 가득하

다. 보는 것만으로도 행복한데 언제 저 많을 것들을 다 먹어볼 수 있을까 싶다. 바로 옆에 위치한 바는 벽면 장식장부터 천장까지 전체가 진한 목재로 둘러 있어 자못 묵직한 분위기를 낸다. 각종 샐러드와 디저트를 비롯해 초콜릿 등 헤아릴 수 없을 정도로 다양한 예쁜 선물 세트들이 곳곳에 즐비해 손님들의 지갑을 열게 한다.

바를 지나 안쪽으로 들어가면 테이블이 놓여 있고 대형 유리창이 작업실 사이에 세워져 있다. 유리를 통해 훤히 들여다보이는 작업실은 셰프와 손님들이 친밀하게 밀착된 느낌을 준다. 몇 년 전까지만 해도 카페였던 공간을 작업실로 개조했으며 온통 유리창인 천장을 통해서 자연광이 밝게 쏟아진다. 사람들은 케이크를 먹으며 유리창 너머로 셰프들의 손놀림 하나하나를 놓치지 않고 볼 수 있다. 운 좋게 시간대가 맞으면 군데군데 놓인 널찍한 작업대에서 자허토르테나 애플 스트루들 등의 제품을 만드는 것도 구경할 수 있다. 이렇게 지켜보는 재미도 쏠쏠해 아예 그 앞을 지켜 서 있는 구경꾼들도 꽤 눈에 띈다.

카페 안은 손님들로 가득차 웨이트리스들이 분주하게 움직이고 있었다. 항상 손님이 많은 편이라 빈 테이블을 마냥 기다려야 할 때가 있어 여유 있게 와야 느긋하게 즐길 수 있다. 이곳의 독특한 전통은 한 명의 웨이터도 없이 화이트 컬러에 블랙 유니폼을 입은 웨이트리스들만이 일한다는 점이다.

역사를 지켜 온 이름

데멜의 역사는 1786년 독일의 서남부에 있는 바덴-뷔르템베르크(Baden-Württemberg) 주 태생의 제과업자 루드비히 데네(Ludwig Dehne)가 미하엘러플라츠에 과자와 사탕 등을 판매하는 콘피저리(Confiseri)를 열면

1, 2. 1층과 2층의 카페 모습

오스트리아와 헝가리에서
유명한 '에스터하지(Esterhazy)
케이크. 얇은 스펀지 사이마다
버터크림을 발라
주로 4~5겹까지 겹쳐 만든다

1. 오렌지 술 맛이 감도는, 촉촉하고 부드러운 초콜릿 케이크 '안나 토르테'. 캐러멜 상태의 설탕과 볶은 건과류를 섞어 만든 '누가틴(nougatine)'을 넣고 만든다 2. 헝가리의 대표적인 '도보스 토르테(Dobos Torte)' 스펀지에 초콜릿 버터크림을 사이사이 발라 5층으로 만드는 케이크. 맨 위에 설탕으로 만든 캐러멜 조각을 올린다 3. 무텐탈러가 제일 좋아하는 '되리 토르테(Döry Torte)'. 언뜻 보기에는 초콜릿 스펀지와 가벼운 크림으로 만든 단순한 초콜릿 케이크처럼 보인다. 그러나 그들만의 노하우로 꽤 까다롭게 만든다 4. 불어 뜻 그대로 부서질 듯한 '프레질리테(Fragilité)'. 잘게 다진 아몬드를 넣고 구운 얇은 두 개의 과자 사이에 부드러운 아몬드초콜릿 크림을 넣었다

서 시작되었다. 1799년 콘피저리는 황실 지정 조달업자로서 황실에 페이스트리와 디저트를 공급했다. 루드비히의 아들 아우구스트(August)는 1857년 자신의 밑에서 도제 수업을 마치고 첫 번째 장인으로 일하던 크리스토프 데멜(Christoph Demel)에게 사업을 넘겨주었다. 1887년 크리스토프의 두 아들 요세프(Josef)와 카를(Karl)은 불과 130m 정도 떨어진 콜마르크트 14번지로 매장을 이전했고 데멜은 오늘날까지 같은 자리를 지키고 있다.

이후 '크리스토프 데멜과 아들들의 황실과 왕실 제과점 (Kaiserlich und Königlich Hofzuckerbäckerei Christopher Demel's Söhne)'이라는 긴 상호는 공식 명칭 대신 'K.u.K Hofzuckerbäckerei Demel'로 줄여 쓰게 되었고 간단히 데멜이라 불렸다. 하지만 크리스토프의 두 아들이 일찍 사망하면서 카를의 미망인이 데멜을 물려받았고, 그녀의 두 자녀인 카를 2세(Karl Jr.)와 안나(Anna)로 이어졌다.

그러다 1972년 오스트리아 사업가 우도 프로크쉬(Udo Proksch)가 데멜을 사들였지만 또다시 주인이 바뀌어 2002년 이후로는 오스트리아의 케이터링 회사인 Do & Co가 경영하고 있다. 오스트리아에 유일하게 있던 잘츠부르크 분점은 2012년 3월경 문을 닫았다. 뉴욕 분점은 이미 2010년에 문을 닫았지만 곧 뉴욕의 새로운 장소에서 다시 오픈할 예정이라고 한다. 이 내용은 데멜의 홈페이지에서 확인할 수 있다.

수석 셰프와의 인터뷰

작업실에서 자허토르테와 애플 스트루들을 만드는 과정을 흥미롭게 지켜보며 셰프들과 간단한 인터뷰를 하다 보니 금세 시간이 흘러 오전 9시가 되었다. 수석 컨펙셔너(chief confectioner) 무텐탈러는 9시가 조금 넘어 작업실에 모습을 드러냈다. 늘어진 빵 반죽 같은 셰프 모자를 쓰고 코에 걸친 안경 너머로 나를 바라보며 인사를 하던 그의 모습이 꽤 인상적이었다. 조금 특이하게도 그의 명함에는 직급이 명시되어 있지 않았다. 인터뷰를 하기 위해 카페로 자리를 옮겨 작업실이 보이는 유리창 바로 옆 테이블에 앉았다.

커피를 마시며 무텐탈러에게 가장 즐겨 먹는 케이크를 물었다. "설마 자허토르테는 아니겠죠?" 그는 한바탕 웃더니 주저하지 않고 '되리 토르테(Döry Torte)'를 좋아한다고 했다. 그는 한 조각 주문해 맛을 보라고 권했다. 단순해 보이는 되리 토르테는 입에서 녹는 부드러운 초콜릿 무스 맛이었다. 언뜻 보기에 되리 토르테는 초콜릿 스펀지와 가벼운 크림 반반으로 만든 초콜릿 케이크처럼 보이지만 만들기는 매우 까다롭다. 특히 스펀지를 만들 때 달걀을 넣는 방식이 여느 케이크와 다르며 휘핑크림을 넣지 않고 그들만의 특별한 방법으로 만든다고 했다. 나는 되리 토르테를 먹으면서 케이크의 재료들을 한 가지도 제대로 맞추질 못했다. 심지어 케이크 위에 코코아 가루를 뿌린 줄 알았는데 초콜릿을 곱게 갈아 만든 파우더였다. 코코아 가루는 자체의 강한 맛 때문에 되리 토르테의 고유한 맛을 잃게 한다고 했다. 재료의 특성을 살려 케이크를 만든다는 무텐탈러의 설명을 들으니 맛있는 케이크에는 다른 이유가 있는 게 아니라는 생각이 들었다. 나는 그에 대한 사전 정보도 없이 만나게 되어 직접 본인 소개를 부탁했다. 그는 오스트리아 태생으로 Do & Co에서 근무하던 중 2002년 회사가 데멜을 인수하면서 직장을 옮겼고 10년째 수석 셰프 직을 맡고 있다고 했다. 빵집과 페이스트리 숍을 운영하던 부모님과 삼촌 밑에서 자라면서 그는 공부보다 페이스트리에 관심이 더 많았다고 한다. 32년 전 페이스트리 셰프가 되기 위해 트레이닝을 시작한 무텐탈러에게는 남다른 열정이 있었다. "광범위한 페이스트리의 예술 세계를 사람들에게 보여주고 싶었다"는 그의 회상에 나 역시 금세 젖어 들었다. 나는 유명한 셰프를 만나면 꼭

1. 늘 코에 안경을 걸치고 안경 너머로 바라보는 무텐탈러. 그는 사진 찍을 때 전혀 웃질 않아 몇 번의 요청 끝에 찍은 사진이다 2. 굽기 직전의 자허토르테 반죽 3. 자허토르테의 기본인 구워진 스펀지케이크 4. 살구잼으로 코팅하는 전용 기계. 적정 온도가 유지되며 자세히 보면 팬 자체가 비스듬하게 기울여져 있어 스펀지케이크의 전면을 담그기 편하다

1. 스펀지케이크를 꺼내 들고 나머지
윗 부분을 팔레트 나이프로 살짝 발라
입혀준다. 베드나르는 하루에
250~500여 개의 자허토르테를 만든다
2. 27년째 데멜에서 일하는 베드나르는
완성된 스펀지케이크에다 살구잼과 초콜릿
옷을 입히는 일을 담당한다. 스펀지케이크
전체에 살구잼을 바르고 난 뒤 마지막으로
초콜릿 글레이즈를 위에 붓는다. 완벽한
감각으로 초콜릿 글레이즈를 쏟아 붓는
베드나르의 손에서 일률적으로 초콜릿
두께가 정해진다. 베드나르는 정확한
기계처럼 글레이즈 양을 감으로
조절하던 고수였다

3. 케이크 주변에 굳은 초콜릿 글레이즈를
팔레트 나이프로 정돈하고 있다 4. 케이크
조각마다 삼각형 장식이 하나씩 올라간다.
완성된 자허토르테는 16조각으로 등분해
카페로 보내진다. 한 조각에 4유로
(약 5천5백 원)씩 판매한다

하는 질문이 있다. 바로 맛있는 케이크를 만드는 비법이다. 그의 대답은 간단
했다. 좋은 레시피, 좋은 재료, 충분한 시간. 그렇다면 데멜의 자허토르테는 어
떨까?

　　"데멜의 자허토르테는 다르다"는 것이 그의 첫 마디였다. 그는 무엇보
다 초콜릿의 구성 성분이 가장 중요하다고 했다. 스펀지를 만들 때 30% 이상
의 다크 초콜릿을 넣고 케이크 전체를 덮는 초콜릿 글레이즈(chocolate glaze)
는 65% 이상의 코코아 솔리드(cocoa solid : 코코아 버터와 함께 초콜릿의 주
성분을 이룸)를 함유한 다크 초콜릿을 쓴다. 그리고 스펀지는 반으로 가르지
않고 전체를 살구잼으로 바른 다음 그 위에 초콜릿 글레이즈를 한다. 특급 비
밀 초콜릿은 독일에서 납품 받고 있다고만 언급했다. 데멜은 독자적으로 쇼콜
라트리(Chocolaterie : 초콜릿 제조 공장)에서 만드는 초콜릿 글레이즈로 자허
토르테를 마무리한다.

　　또한 그는 옛 레시피를 정확히 지키는 것이 철칙이라면서 손맛이 중요
하다고 덧붙였다. '손으로 할 수 있다면 기계를 사용하지 말라(Don't use a
machine, if it can be done manually)'는 데멜의 슬로건처럼 케이크에 함께
서비스하는 크림조차 반드시 손으로 거품기를 휘저어 만든다. 심지어 사탕 포
장까지도 숙련자가 계속 손으로 작업하는 것이라고 했다. 데멜의 신조는 '맛
있는 케이크를 만들어 먹는 사람을 행복하게 만드는 것'이었다. 무텐탈러는 이
보다 더 큰 기쁨이 어디 있겠느냐며 환하게 웃었다. 어떤 실력을 갖춘 셰프들
이 데멜에서 일하는지 궁금해하자, 매해 어려운 절차를 통해 뽑는다고 했다.
이를 통해 뽑힌 8명의 셰프는 쉽지 않은 훈련 과정을 거친다. 현재 16명의 페
이스트리 셰프들이 8개 분야에서 3달씩 돌아가며 일한다. 3년 일하는 동안 관
련된 학교 수업도 일주일에 한 번씩 병행해야 한다. 나는 마지막으로 그에게
한국의 젊은 셰프들에게 조언을 부탁했다. "훈련을 받으며 기술을 단련시켜라.

1. 반죽을 늘릴 때는 항상 두 사람이 팀이 되어 작업한다. 손등과 팔뚝을 이용해 늘리는데 거의 비칠 정도로 얇게 만드는 게 기술이다 2. 두툼하게 슬라이스한 사과를 버터 크럼즈 위에 넉넉히 올리고 시나몬설탕을 뿌린다. 끝으로 럼에 불린 건포도를 올린다. 속재료를 모두 섞어 쓰지 않는 이유를 묻자 사과가 설탕에 절여지면서 물러져 아삭한 맛이 없어지기 때문이라고 그레고르(Gregor)가 말했다

3,4. 반죽을 말기 전에 녹인 버터를 적당히 페이스트리 브러시로 뿌린다. 반죽 끝을 재료 위로 집어 올려놓고 밑에 깔아둔 흰 천을 사용해 말아준다

그리고 다른 사람들이 어떻게 하는지 배우고 여러 나라를 다니며 다양한 기술을 배워라. 또한 창조적인 자세로 일해야 한다." 차분한 그의 어조에는 단단함이 배어 있었다.

　　세계 역사상 전무후무한 자허토르테의 법정 투쟁은 끝났다. 그러나 맛의 승자는 없다. 데멜에는 데멜만의 자허토르테가 있고 그 자체로 케이크의 역사를 대변하고 있다. 사람들은 법적 분쟁과 상관없이 데멜 카페와 자허 호텔의 서로 다른 자허토르테의 맛을 즐기는 즐거움을 누리고 있다.

긴 애플 스트루델을 세 등분한 다음 트레이에 옮겨 굽기 전에 녹인 버터를 단 한 번만 바른다. 계절에 따라 싱싱한 딸기, 살구, 체리 등으로도 만든다

Demel

주소 Demel, Kohlmarkt 14, 1010 Wien, Austria　전화 [+43] 1 53517170　웹사이트 www.Demel.at

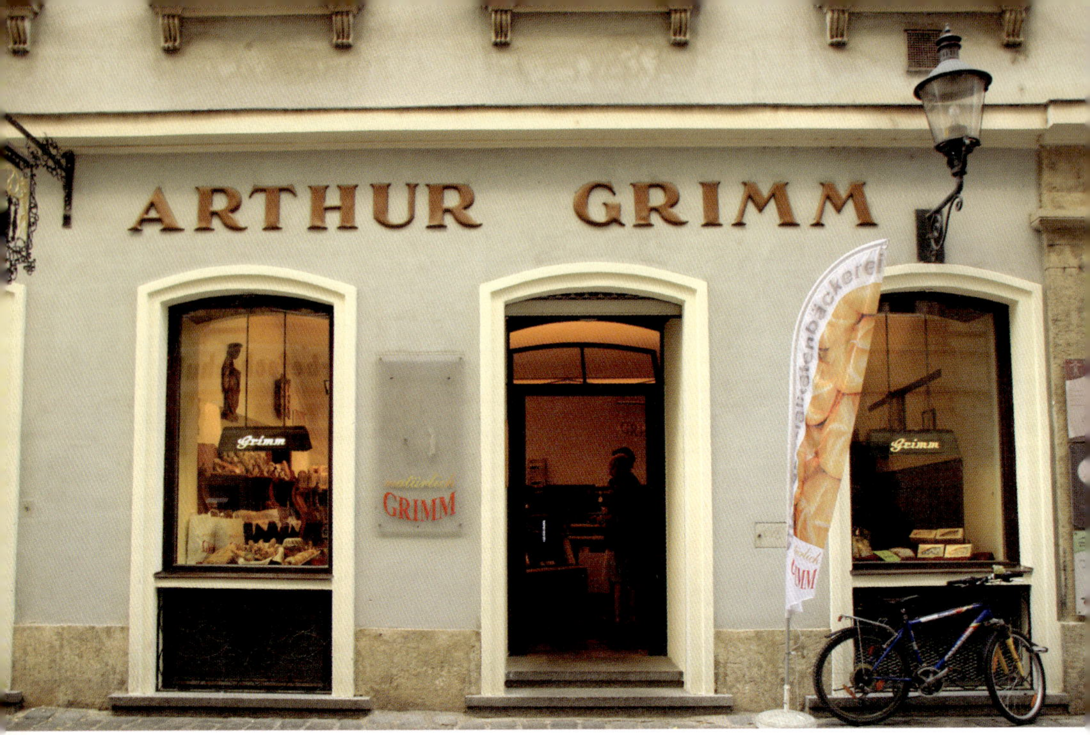
ARTHUR GRIMM
Grimm
GRIMM
Grimm

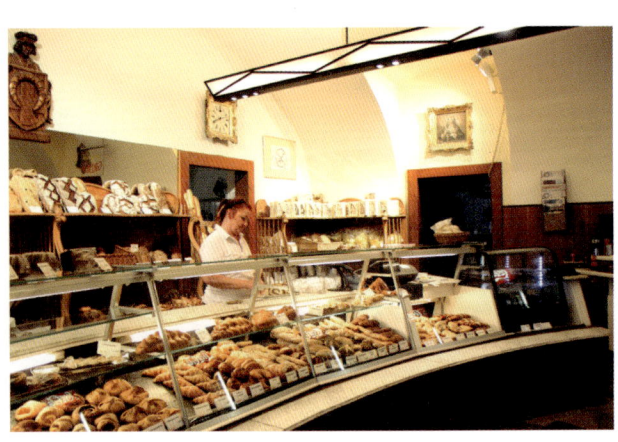

Handsemmel of Bäckerei Grimm
빵과 함께 익어가는 시간, 그림 빵집

봉긋하게 솟은 꽃봉오리 같기도 하고 정겨운 바람개비 모양 같기도 한 오스트리아 전통 빵,
'한트젬멜(Handsemmel).' 나는 지금껏 보지 못했던 오스트리아의 전통 한트젬멜을 만나는
귀중한 경험을 했다. 2대에 걸쳐 아버지와 아들이 함께 오스트리아의 전통적인 빵 맛을
이어가는 '그림 빵집(Bäckerei Grimm)'. 제시간을 찾아가며 천천히 완성되는 빵처럼 그들의
인생 역시 빵과 함께 느긋하게 익어간다. 고소한 빵 내음이 나는 두 제빵사를 만나 함께 한
오스트리아 빈에서의 행복한 아침 식사.

케이크의 천국이라 불리는 빈, 유명한 카페들은 많지만 빵집을 선택
하기가 쉽지 않았다. 막연하게 이리저리 알아보다 역시 현지인에게 물어보는
게 좋을 것 같았다. 유독 친근감이 들었던 데멜 카페, 융거(Gila Jünger) 이벤
트 매니저는 주저하지 않고 그림 빵집을 추천했다. 그러나 마침 그 시기 그림
빵집의 안드레아스 마데르나(Andreas Maderna) 제빵사는 휴가를 앞두고 있
었다. 휴가를 다녀온 후 약속을 잡겠다던 그는 감감무소식이었고 전화도 전
혀 불가능했다. 그래도 포기하지 않고 빈에 가서 다시 연락하기로 했다. 호텔
에 도착한 다음 날, 꼭두새벽에 일어나 전화하니 마침 그가 직접 전화를 받
았다. 명쾌하게 다음 날 새벽 5시까지 빵집으로 오라는 그의 말에 나는 날아
갈 듯했다. 빵집의 위치는 내가 머물던 호텔에서 아주 가까웠고 슈테판 광장
(Stephansplatz)에서 도보로 3분이 채 안 걸렸다. 하지만 택시가 근접할 수

없는 보행자 길에 위치한 탓에 차에서 내려 한참 동안 찾아 헤매다 좁은 도로 뒤편에 숨어 있는 빵집을 겨우 찾아냈다.

손끝에서 만들어지는 꽃봉오리, 한트젬멜

빵집에 도착하자마자 곧바로 지하 작업실로 내려가 직원들과 함께 반죽을 빚고 있는 안드레아스와 그의 아버지 권터 마데르나(Günter Maderna)를 만났다. 마침 롤빵의 일종인 한트젬멜을 한창 만들고 있어 운 좋게도 예상치 못한 경험을 할 수 있었다. 한트젬멜은 카이저젬멜(Kaisersemmel), 젬멜(Semmel), 카이저브뢰첸(Kaisebrötchen) 등 여러 가지 이름으로 불린다. 19세기 오스트리아의 황제 프란츠 요제프(Franz Joseph) 1세에게 헌정된 빵이름으로 '황제롤'이라는 뜻이다. 정통 한트젬멜은 손으로 빚어 붙어진 특별한 이름이다. 전통적으로 빈에서 처음 만들어진 카이저젬멜은 독일을 비롯한 주변 나라에서 볼 수 있는 젬멜 혹은 브뢰첸이라는 롤빵과 생김새가 똑같다.

안드레아스는 함께 일하는 사람들을 나에게 소개하고 다시 아버지 옆자리에 나란히 앉아 한트젬멜을 만들기 시작했다. 그날은 아버지와 함께 40년간 근무해 온 한 직원이 아파 출근을 못 했다. 밀가루가 듬뿍 뿌려진 작업대 위에는 발효가 끝난 수백 개의 둥근 빵 반죽들이 흩어져 있었다. 빵을 만드는 그들의 손놀림은 잘 볼 수 없을 정도로 빨라 모양 하나가 몇 초 사이에 뚝딱 완성됐다. 빵 만드는 모습을 자세히 지켜보니 일정한 규칙과 리듬을 타고 있었다. 먼저 반죽을 4개의 손가락 끝으로 두드리면서 내리쳐 납작하게 편 다음 왼손 엄지손가락을 반죽 가운데 고정한다. 왼손 검지로 반죽을 접어 엄지손가락으로 누르고 나서 왼손 바닥을 세워 내리치며 눌러주기를 반복한다. 그리고 남은 반죽은 엄지손가락을 뺀 가운데로 밀어 넣은 다음 빵 반죽

1. 5개의 선이 완성된 한트젬멜의 모습. 9시 방향의 반죽 끝자락이 밑으로 빠진 것이 보인다 **2.** 눌러 놓은 한트젬멜의 모습 **3.** 노릇하게 구워진 한트젬멜

밑부분을 눌러 살짝 아래로 당기면서 엎어 놓았다.

동그란 빵 반죽 위에 만들어진 다섯 개의 선은 바람개비 같았으나 뒤집어 놓으니 꽃봉오리처럼 봉긋하게 솟아올랐다. 한트젬멜은 여느 빵 만드는 기본 재료에 소량의 엿기름을 추가로 넣으며 손으로 빚다 보니 모양이 모두 다르다는 특징이 있다. 한트젬멜 만드는 과정을 보고 나니 기계로 빵 위에 선만 찍어 만드는 카이저젬멜과 구별할 수 있게 되었다.

2대 마이스터 빵집

안드레아스의 아버지는 1960년에 제빵 마이스터 인증을 받은 기능장이다. 그는 아직도 운동 삼아 새벽마다 작업실에 나와서 매일 3~4시간씩 빵을 만든다고 한다. 1536년 세워진 그림 빵집을 1962년 3월에 사들인 그는 레시피도 함께 전달받았다. 제빵사의 길을 걷고 있는 안드레아스 역시 1986년 직업 훈련원(Arbeitsschule)에서 3년 동안 공부했다. 그 후 그림 빵집에서 3년간 기술을 연마하는 전문 기능사(Geselle) 과정을 마쳤다. 그리고 1991년 제빵 마이스터가 된 그는 2003년부터 그림 빵집을 전적으로 맡아 운영했다.

1. 한트젬멜은 여느 롤과 달리 반죽을 빚은 다음 위를 눌러 빵 반죽의 모양과 선을 유지시켜 준다 2. 빵 반죽을 4개의 손가락 끝으로 눌러 두들기는 모습

기다란 작업대 위에 발효가 끝난 수백 개의 한트젬멜 반죽들을 고루 펼치는 안드레아스 마데르나

그의 부인 카테리나(Katerina) 역시 제빵사이다. 그림 빵집의 아버지와 아들은 조금씩 변화된 오리지널 레시피는 공유하고 있지만 각자 서로 다른 레시피를 만들어 왔다.

그림 빵집은 빈에만 분점 세 곳을 운영하고 있으며 글루텐프리 빵을 비롯해 매일 빵, 페이스트리, 과자 등 50여 가지를 만들어 판매한다. 또한 전통적으로 빚는 일반 크기의 한트젬멜보다 작게 만들어 파는 유일한 집이기도 하다. 무게가 55g되는 보통 크기의 한트젬멜 가격은 70센트이며 작디작은 한트젬멜은 무게로 따져보면 반값이어야 할 것 같은데 의외로 50센트나 한다. 빵 크기가 워낙 작아 만들기 어렵기 때문이라고 설명하는 안드레아스는 빵은 양보다 질이 아니겠느냐며 웃었다.

소비자 입장에서 보기에 겉으로는 별 차이가 없어 보이는데 어떤 특성이 있는지 궁금했다. '맛이 좋기 때문에 빵값이 비싸다'라는 대답은 곧 그의 설명을 듣고 나니 수긍이 갔다. 이들 부부는 빈에서 약간 떨어져 있는 곡류 판매소에 직접 가서 곡식들을 구매한다고 했다. 그의 아버지 때부터 약 30년 단골인 이 방앗간에 매입한 곡식을 맡겨 두고 하루 쓸 양만 배달받는다. 여러 종류의 신선한 가루와 품질이 보증된 좋은 재료들을 쓰고 있으며 기계 사용은 최소화한다. 재료 값은 비싸지만 자신이 원하는 빵 맛을 100% 낼 수 있고 고객들도 만족도가 높기 때문에 그것으로 보상받는 기분이라고 한다. '슬로우 빵 반죽'은 충분하게 시간을 두고 손으로 만들기 때문에 손에서 배어 나오는 빵의 진수를 맛볼 수 있다.

일을 다 마치자 오전 8시 반이 훌쩍 넘었다. 안드레아스 그리고 그의 아버지와 함께 온기가 느껴지는 한트젬멜을 먹으며 아침 식사를 했다. 노릇노릇하게 구워진 빵을 칼로 가르자 바삭거리는 소리와 함께 촉촉한 속살이 드러났다. 버터를 발라 한입 베어 물자 바삭거리는 소리가 너무 커 민망할 정도였다. 고소한 빵 냄새를 한껏 즐기며 빵의 참맛에 빠져들었던 행복한 아침 식사였다.

　　오븐에서 쏟아져 나오는 한트젬멜을 가리키며 안드레아스에게 자신이 만든 것을 찾아보라고 하니 금세 몇 개를 골라냈다. 아버지와는 또 다른 빵을 만들어가지만 "빵에게 충분한 시간을 주라"고 했던 아버지의 말을 잊지 않는다는 안드레아스 제빵사. 빵뿐만 아니라 모든 일상의 시곗바늘 또한 천천히 움직이고 있었다.

그림 빵집을 살 때부터 있었던
매장 벽면의 나무 조각상

Bäckerei Grimm

주소 Bäckerei Arthur Grimm, Kurrentgasse 10, 1010 Wien

전화 (+43) 1 533 13 84 0　웹사이트 http://www.grimm.at

마데르나 부자와 안드레아스의
부인 카테리나. 카테리나가 마침
분점에 빵 배달을 가느라 출근해
가족사진을 찍을 수 있었다

굵은 소금이 뿌려진
브레첼 모습. 그림 빵집의 브레첼은
독일에서 본 여느 브레첼보다
훨씬 작고 귀여웠다

빵 반죽을 5가닥으로 길게 땋아
만들며 굵은 설탕을 뿌리거나
양귀비씨를 반죽 안에 넣어
만들기도 한다

빵 공장 외부 모습. 처음 쓸
오븐의 굴뚝 연기가 보인다

Köy Ekmek Firini in Cypress

사이프러스 섬의 전통 시골 빵

지중해 동쪽 깊숙이 자리한 사이프러스 섬의 어느 시골 마을. 새벽녘 굴뚝 위로 피어오르던
나무 타는 냄새와 붉은 양귀비꽃들이 마음을 사로잡은 곳이다. 허름한 건물의 돌오븐에
장작불을 지피며 전통 시골빵을 굽던 여인들의 빵 맛을 아직도 잊을 수 없다.

지중해에서 세 번째로 큰 섬인 사이프러스는 지중해 동쪽 터키 아래,
중동 앞바다에 위치해 있다. 내가 여행한 곳은 터키령의 북 사이프러스였다.
지프에 몸을 싣고 동쪽에서 서쪽 바다를 향해 달려 도착한 곳은 인구 800여
명이 사는 시골 마을 뷰유크코누크(Bueyuekkonuk). 검푸른 지중해 연안을
따라 달리는 것이 무척 평화롭고 한적해 어쩌다 마주치는 차들이 반가울 정
도였다.

나는 이 마을에 위치한 작은 여관에서 묵었는데, 이곳은 20년 전 사이
프러스 남자와 결혼해 정착한 캐나다인 로스(Lois)가 6년 전부터 운영하는 곳
이었다. 하얀색 벽과 붉은 지붕이 예쁜 이곳은 로스와 그녀의 남편이 직접 지
었다고 한다. 밤이 되자 오가는 차 소리 하나 없이 마을은 정적에 잠겨버렸다.
새벽을 흔들어 깨운 새들의 소리에 나는 새벽 산책을 나갔다. 맑은 새벽 공기

를 마시며 동네를 거닐던 중 어디선가 장작 타는 냄새가 났다. 호기심에 굴뚝 연기를 따라가 보니 간판도 걸리지 않은 건물 안에 커다란 돌오븐 3개가 보였다. 그리고 한 남자가 나뭇가지로 오븐에 불을 지피고 있었는데, 그곳은 다름 아닌 빵 공장이었다. 오븐 양쪽에 문을 두어 한쪽에는 불을 지피고 다른 한쪽에서는 빵을 구워냈다. 빵 굽는 쪽을 들여다보니 전통 스카프를 두른 여자들이 일하고 있었다. 그녀들을 향해 아침 인사를 하며 말을 건네자 그중 한 여자가 유창한 영어로 대답했다. 그녀는 자신을 베질레(Vesile)라고 소개하며 13년 동안 호주에서 살다 왔다고 한다. 그녀는 내가 묵었던 여관 주인인 로스의 조카로 이미 우리 일행이 머물고 있다는 사실을 알고 있었다. 그녀와 인사를 하고 빵이 완성되는 시간을 물으니 오전 10시경이라고 했다. 나의 여행 일정과도 잘 맞을뿐더러 사이프러스의 전통 시골 빵을 소개할 수 있는 절호의 기회였다.

장작불 냄새 솔솔 나는 시골 빵

건물 앞에 번듯하게 세운 간판은 없지만, 빵 공장의 이름은 '시골 빵 오븐(Köy Ekmek Firini)'이었다. 베질레의 도움으로 공장 주인인 아딜(Adil Uzun)과 그의 부인 소나이(Sonay Uzun)의 허락을 받고 취재를 할 수 있었다. 운이 좋게도 이 공장은 월, 수, 금요일마다 빵을 굽는데 때마침 그날이 수요일이었다.

아딜은 수확한 올리브 나뭇가지로 연신 오븐을 지피고 소나이는 여직원들과 함께 반죽을 빚었다. 다른 한쪽에서는 새벽 5시 반에 베질레가 만들어놓은 빵 반죽이 커다란 기계 안에서 헝겊으로 덮인 채 발효되고 있었다. 발효기도 없이 만들어진 반죽은 상온에 두세 시간 그대로 두었는데 발효상태가

1. 점심에 들린 어느 시골 레스토랑의 작은 오븐. 빵을 오븐에 바삭하게 구워 손님에게 대접한다
2. '시골 빵 오븐'에서 15년간 사용해왔다는 작은 돌오븐 3. 오븐에 넣기 전 헝겊으로 덮어 놓은 빵 반죽
4. 주인 부부와 두 직원의 모습

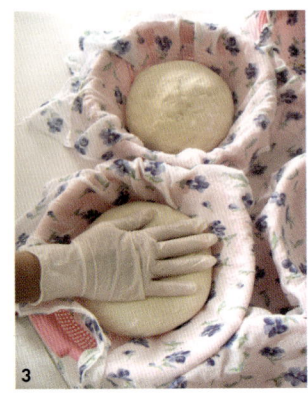

1. 현대식 빵 반죽 기계로 반죽해 이 상태에서 천을 덮어 발효시킨다. 반죽의 배합은 혼합밀가루 50kg, 소금 450g, 생이스트 350g. 베질레가 눈짐작으로 계량했다는 물의 분량은 알 수가 없다 2. 반죽을 1,350g씩 분할하여 둥글게 빚는 베질레 3. 반죽의 윗면이 아래로 향하게 하여 눌러 담는다 4. 발효되기 기다리는 빵 반죽들. 하티지가 반죽을 덮어 놓은 헝겊을 열어 놓고 있다
5. 오븐에 넣기 직전 빵의 옆면을 칼로 가르는 베질레 6. 빵 반죽을 오븐에 넣는 여주인 소나이

매우 좋았다. 당시 4월 중순 한낮의 온도가 대략 24~26℃를 웃돌아 반소매를 입어도 좋을 날씨였다. 작업실에 밀가루가 흰색을 띠고 있어 흰 빵만 만드느냐고 물어보자 베질레는 보기에는 흰 밀가루 같지만 이미 공장에서 통밀가루와 배합된 것을 공급받는다며 약간 누런 빛깔이 도는 가루를 보여줬다. 오전 8시가 조금 넘자 주인 부부와 두 직원이 빵 반죽을 둥글게 빚기 시작했다. 빵 반죽의 무게는 1,350g으로 꽤 무거웠다. 150여 개의 바구니에 꽃무늬 헝겊을 깔고 그 안에 깨소금을 뿌린 후 빵의 윗면이 아래로 향하게 엎어 담았다. 바구니에 담긴 빵은 헝겊으로 덮여 있었다. 새벽 6시부터 지피기 시작한 오븐은 꼬박 2시간이 지나자 400℃로 달아올랐다. 아딜은 재를 긁어내고 오븐의 양쪽 문을 열어 물 적신 대걸레로 오븐 바닥을 깨끗이 닦으며 열기를 식혔다. 소나이는 오븐 바닥의 온도가 빵 굽기에 적당한지를 알기 위해 바닥에 밀가루를 살짝 뿌렸다. 밀가루가 바로 갈색으로 변해 타버리자 바닥이 너무 뜨겁다며 젖은 대걸레로 문지르기를 몇 번 반복해 밀가루가 갈색으로 서서히 탈 때까지 바닥을 식혔다. 그러는 동안 온도계로 잰 오븐 온도가 300℃로 떨어지자 아딜은 빵 굽기 적정한 온도라고 했다. 하티지(Hatice)는 2차 발효된 빵을 바구니에서 하나하나 꺼내고 베질레가 빵 반죽 테두리에 빙 돌려 칼집을 냈다. 이 빵들은 큐렉(kürek: 긴 손잡이가 달린 도구)에 한 개씩 담겨 오븐 안쪽에 가지런히 채워졌다.

　　하티지는 나머지 빵 반죽에 여러 종류의 허브와 깨를 넣은 전통 허브 빵 60여 개와 신선한 코리앤더(coriander), 시금치, 파를 잘게 다져 넣은 색다른 허브 빵도 만들었다. 코리앤더 등을 넣어 만든 허브 빵은 30cm 길이로 길게 빚어 작은 깨에 굴렸다. 일반적으로는 빵 반죽에 달걀물을 바르고 깨 등을 뿌리는데, 끓는 물에 삶은 검은깨와 흰깨를 체에 밭쳐 축축한 상태로 사용해 특이했다. 빵이 구워지길 기다리는 동안 소나이는 말도 안 통하는 나를 이끌

고 집 뜰 구석에서 자신이 키우는 양, 닭, 토끼들을 보여줬다. 집 앞의 작은 오
븐도 보여줬는데 나중에 뒤따라 온 베질레의 설명을 들어보니 지금 쓰는 큰
오븐은 불과 3개월 전에 지은 것이라고 했다. 그러고 보니 15년간 썼다는 오븐
은 매우 작아 보였다. 다시 빵 공장으로 돌아가 오븐의 맨 뒤에 있던 빵을 꺼
내 확인한 소나이는 다 구워진 큐렉으로 하나씩 꺼내기 시작했다.

어느덧 출발할 시간이 다가왔다. 나는 빵 굽는 모든 과정을 친절하게
설명한 그들에게 마음을 담아 인사했다. 베질레는 오븐에서 바로 꺼낸 두 덩
어리 빵을 모슬린 천에 둘러싸더니 나에게 안겨주었다. 그들의 따뜻한 마음처
럼 갓 구운 빵의 온기가 전해졌다.

돌오븐에서 구운 빵 맛

그날 저녁, 여행 일행과 함께 레스토랑에서 식사하며 '매제(meze)'를 먹
을 때 아침에 선물로 받은 빵도 다 같이 나눠 먹었다. 메제는 '맛보기'라는 의
미인데 지중해, 중동 그리고 발칸반도 나라들의 전채요리로서 피클, 채소, 튀
긴 미트볼, 가지 요리 등 10여 가지가 넘는다. 두 빵을 비교해보니 메제에는 시
골 빵이 허브 빵보다 더 잘 어울렸다. 허브 빵은 허브 향이 은근히 강해 메제
의 맛을 느끼기 어려워 일행들도 시골 빵을 더 선호했다. 나는 저녁 식사 동안
새벽 공기를 가르던 나무 타는 냄새와 손끝에 배인 빵의 허브 향을 오래도록
맡을 수 있었다. 휴가에서 돌아와 소나이에게 작은 선물을 부치며 뜨거운 빵
을 싸줬던 꽃무늬 모슬린 천도 같이 넣어 보냈다. 나는 사이프러스에서의 소
중한 경험에 감사하는 편지를 쓰며, 소박한 빵을 닮은 순박하고 친절했던 그
들의 얼굴이 떠올랐다. 이내 온 마음이 따뜻해졌다.

오븐에서 익은 노릇노릇한 빵들

나에게 가지고 가라며 오븐에서 바로 꺼낸 빵을
헝겊과 신문지로 싸 주었다

허브 브레드 만들기
1. 빵 반죽에다 신선한
코리앤더(Coriander),
시금치, 파를 다져서 넣고
기계로 돌린다
2. 반죽을 치댄다
3. 반죽의 양 옆을 눌러 밀며
30cm 가량 긴 모양으로 만든다
4. 반죽에 깨를 고루 묻힌다
5. 칼집을 낸다
6. 발효 후 큐렉에 담아
오븐에 하나씩 넣는다

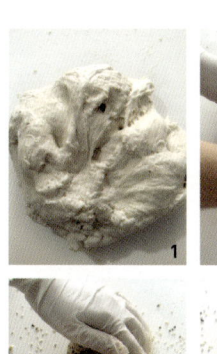

Café Myšák & Café Louvre
사랑에 빠지는 달콤한 도시,
프라하를 맛보다

중세 도시의 고풍스러움을 간직하고 있는 문화와 예술의 도시, 프라하. 도시의 황홀한 야경에
매료되어 밤새 걸어도 힘들지 않은 곳. 종일 카페에 앉아 책이나 신문을 보거나 친구와 다정한
수다를 나누는 이들의 일상이 더욱 특별해 보이는 것은 이곳이 '프라하'이기 때문일지도 모른다.
케이크 한 조각으로 입을 녹이는 그 행복감. 프라하의 전설적인 카페들을 찾아 도시의 야경을
헤매는 일은 케이크만큼이나 달콤했다.

해가 질 무렵, 프라하에 도착했다. 보헤미안들이 '세계에서 가장 아름
답고 사랑스러운 다리'라고 부르는 카를교. 여전히 이곳은 내가 처음 와서
봤을 때처럼 수많은 사람들로 가득 차 있었고, 체코에서 제일 긴 블타바 강
은 일천 년 세월 동안 프라하와 함께 변함없이 흐르고 있었다. 어느새 도시
는 어둠에 잠기고 카를교의 가로등 불빛이 켜지자 프라하 성을 비추던 불빛
이 블타바 강에 고스란히 떨어졌다. 도시의 야경은 아름다운 동화 속 한 장
면으로 변했다. 작은 돌들이 모자이크처럼 촘촘히 박힌 거리를 다리 아픈 줄
도 모르고 걸어 다녔던 그 밤. 나는 중세 도시의 멋스러움을 오롯이 간직하
고 있는 프라하의 매력에 다시 한번 푹 빠졌다.

프라하 성을 뒤로하고 카를교를 건너면 구시가와 중세 거주지였던 올

드 타운 그리고 뉴 타운이 나온다. 올드 타운은 9세기에 지은 우아한 건물 양식의 정취를 흠뻑 느낄 수 있고 뉴 타운은 14세기에 조성된 역사와 문화가 밀집된 곳이다. 나는 올드 타운과 뉴 타운 근처의 페이스트리 숍들을 찾아다니며 체코의 이채로운 카페 문화를 즐겼다.

전설적인 이름, 카페 미샥

유명한 제과업자 프란치셰크 미샥(František Myšák)은 1910년 뉴 타운의 랜드마크인 벤체슬라스 광장(Wenceslas Square) 가까이에 미샥 카페(Myšák café)를 열었다. 그 후 미샥 카페는 1949년까지 제과업자 스펙클레드(Speckled) 가족이 경영하다 국영 기업체가 인수했는데 1년 후 체코에 공산주의 정부가 들어서면서 국유화되었다. 그러나 '미샥'이라는 이름은 백여 년 넘게 이어지고 있다. 2006년에는 건물이 붕괴되면서 3년에 걸쳐 재건축이 이루어졌고 건축가 얀 스파체크(Jan Spacek)는 미샥 1층, 2층을 예전 모습으로 복원했다.

1층의 정면 중앙에는 나무로 만든 묵직한 대형 아이스크림 쇼케이스가 놓여있고, 파란색 벽화가 그려진 높은 천장에는 멋지고 화려한 샹들리에가 걸려있다. 2층은 1920년대 미샥의 모습이 그대로 재현되었다. 전체적으로는 바닥과 천장 그리고 의자까지 아이보리색으로 통일하여 깔끔하고 세련된 느낌을 주는 동시에, 천장에는 벽지 무늬와 똑같은 문양을 주황색으로 그려 넣어 섬세한 느낌을 더했다.

오전 10시에 만나기로 약속한 매니저 호라체크(Jiří Horáček)는 혼자서 케이크 접시 서너 개를 한꺼번에 테이블로 나르느라 바쁜 모습이었다. 손님들의 주문을 받으며 한참 동안 서서 친구와 이야기 나누듯 대화하는 그의

1. 1920년대 이전의 미샥 카페 매장 모습을 사진을 보고 그대로 재현했다. 의자와 바닥을 아이보리 컬러로 통일해 실내가 밝고 인테리어가 세련됐다 2. 케이크 접시 네 개를 테이블로 한 번에 나르는 매니저 호라체크 3. 테이블 가득 케이크와 라테를 먹는 손님들 모습

1. 예술 작품 같은 초콜릿 아즈텍 토르테. 중앙의 둥근 마지팬 위에 얇은 마지팬으로 케이크를 씌우고 옆면은 초콜릿으로 된 아즈텍 문명의 상형문자와 샴페인 맛 초콜릿을 위에 올렸다 2. '트바로호비 크멘(Tvarohovýkmen)', 나무 몸통을 비스듬히 자른 모양으로 나이테처럼 만든 치즈 케이크 3. 스펀지 케이크 사이에 커스터드가 들어 있고 블루베리와 산딸기를 케이크 위에 올려 두툼한 마지팬을 옆에 세운 마지팬 케이크인 '마치파노비 도르트(Marcipanovy Dort)'

커스터드 위에 슬라이스 한 사과를 얹어 구운 코라취(koláč). 머랭을 짠 다음 살짝 색을 냈다

모습이 푸근해 보였다. 그는 친절하게도 주문받은 케이크들을 접시에 담아 테이블로 나가기 전에 내가 사진 촬영을 할 수 있도록 도와줬다. 사진 촬영이 끝나자 자신이 가장 좋아한다는 초콜릿 아즈텍 토르테(Chocolate Aztec Torte)와 라테 한 잔을 건네주었다. 유럽 라떼 아트 마스터에서 우승한 바리스타가 만든 라테는 꽃 모양의 우유 거품이 매우 근사해 먹기에도 아까울 정도였다. 카페 미샥의 손꼽히는 케이크 중 하나인 초콜릿 아즈텍 토르테는 밀가루를 전혀 넣지 않고 만든다고 했다. 한가운데는 둥근 마지팬(marzipan : 아몬드 가루, 달걀흰자, 설탕 등으로 만든 반죽)이 들어 있고 겉은 얇은 마지팬으로 씌웠다. 아즈텍 문명의 상형문자가 초콜릿으로 장식된 아즈텍 토르테는 마치 한 조각의 예술 작품 같았다. 신기하게도 맨 위에 올려진 초콜릿에서는 샴페인 맛이 났다. 촉촉하면서 진한 초콜릿과 식감이 다른 마지팬이 어우러져 색다른 맛을 냈다. 오늘날까지도 초창기 프란치셰크 미샥의 오리지널 레시피로 완성되는 미샥의 케이크와 디저트. 프라하의 한 세기가 담겨 있는 카페 미샥의 명성이 다음 세기에도 계속되길 바란다.

Myšák

주소 Myšák, Vodičkova 710/31, 110 00, Praha 1, Czech Republic
전화 (+420) 734 898 607 이메일 info@mujmysak.cz

1. 카페 루브르 1층
입구와 2층 모습
2. 팬 케이크를
서빙하는 웨이터
3. 휘핑크림이
반 가까이 되는
비엔나커피

문화와 예술의 영감이 깃든 카페 루브르

프라하에서 꼭 봐야 할, 'must-see' 리스트에 들어가는 루브르 카페(café Louvre). 프라하를 떠나기 바로 전날 루브르 카페에 들렀다. 루브르 카페는 미샥 카페에서 도보로 10분도 안 되는 가까운 거리에 있다. 나로드니 애비뉴(Národní Avenue)에 위치한 이곳은 입구에서부터 다양한 포스터들이 붙어 있어 나름 독특하고 예사롭지 않은 분위기를 풍긴다. 2층 계단의 벽에 걸린 그림들은 110여 년 된 이곳의 역사를 말해주고 있는 듯해 그냥 지나치기 아쉬웠다.

실내에는 창문 사이마다 진한 핑크색과 황금빛 꽃무늬 패널들이 아치형으로 뚫린 벽과 마주 바라보고 있었다. 창틀과 벽면 곳곳에 장식된 부드러운 곡선은 아르 누보(Art Nouveau : 20세기 전후에 성행한 유럽 예술) 스타일을 엿볼 수 있었다. 1902년에 오픈한 카페 루브르는 전형적인 '프랑스 스타일'이다. 프랑스 스타일 카페는 단순한 커피 숍이 아닌 레스토랑처럼 정식 식사 메뉴를 종일 제공하고 와인 등의 음료를 마실 수 있는 바도 갖추고 있다. 이곳에서는 몇 시간 동안이나 신문과 잡지를 읽으며 프랑스식 카페 분위기를 즐기는 사람들의 여유로운 일상을 느낄 수 있다.

프라하의 많은 카페는 각기 다른 매력과 특징이 있지만, 카페 루브르는 역사적인 측면에서 매우 특별한 의미를 지닌다. 프라하 태생의 소설가 카프카와 천재적인 과학자 아인슈타인은 이곳을 각별히 사랑했다. 아인슈타인은 1911년 프라하 대학교의 독일 학부에서 1년간 재직하는 동안 이곳을 즐겨 찾았다고 한다. 유명 소설가, 철학가들이 문화와 사상을 교류하는 장소였던 루브르 카페는 다양한 예술 문화적 영감이 스며든 카페문화를 가지고 있었다. 하지만 이곳 역시 카페 미샥처럼 역사의 무거운 그늘에서 벗어날 수는 없었다. 1948년 체코가 공산주의 국가가 되고 자본주의 단체로 지목되면서 강제로 문을 닫은 후 국가적 용도로 사용되다가 1992년 체코가 민주화되어서야 다시 문을 열 수 있었다.

카페 루브르에 딱 한 번 다녀오기는 조금 아쉽다. 점심과 저녁 식사뿐 아니라 오전 8시부터 제공되는 아침 식사와 오후에 즐기는 달콤한 홈메이드 케이크 역시 반드시 즐겨야 하는 또 다른 매력인 것. 나는 유명 인사들이 느긋함을 즐겼을 어느 테이블에 앉아 상큼한 레몬 맛 케이크와 비엔나커피에 담긴 여유로움을 마음껏 누렸다. 프라하의 카페 문화를 꽃피운 카페 루브르의 불빛은 밤 11시 30분까지 꺼질 줄 모른다. 프라하의 아름다운 카페 문화에 대한 나의 애정 역시 여행에서 돌아온 후에도 오래도록 식을 줄 몰랐다. 프라하에 가면 해야 할, 'must-do' 목록에 한 가지가 더 늘었다. 바로 운치 있는 카페에서 예술 작품 같은 케이크 맛보기. 빈으로 떠나는 날, 나는 이른 새벽에 텅 빈 카를교를 걸으며 프라하에 또다시 반했다.

Café Louvre

주소 Café Louvre, Národní 22, 110 00, Praha 1, zech Republic

전화 (+420) 224 930 949 **이메일** cafelouvre@cafelouvre.cz

1. 따뜻한 애플 스트루들과 바닐라 소스를 초콜릿으로 문양을 내 곁들여 낸다. 넉넉한 휘핑 크림에 헤이즐넛을 다져 뿌렸다 **2.** 럼에 재운 건포도와 '코티지 치즈(cottage cheese: 유청이 빠지고 누린 맛이 덜한 담백한 맛의 알갱이 치즈)'를 넣어 부채꼴 모양으로 접은 팬 케이크. 잘게 다진 헤이즐넛과 아이싱 슈거를 뿌리고 휘핑 크림에 민트를 올려 장식했다 **3.** 레몬 껍질을 갈아 넣고 만든 '리코타 치즈(ricotta cheese: 치즈 만들 때 우유 유청이 남아있는 이탈리아 치즈)' 케이크. 레몬으로 만든 '콩피(confit: 프랑스식 과일 절임)'가 중간에 들어있다

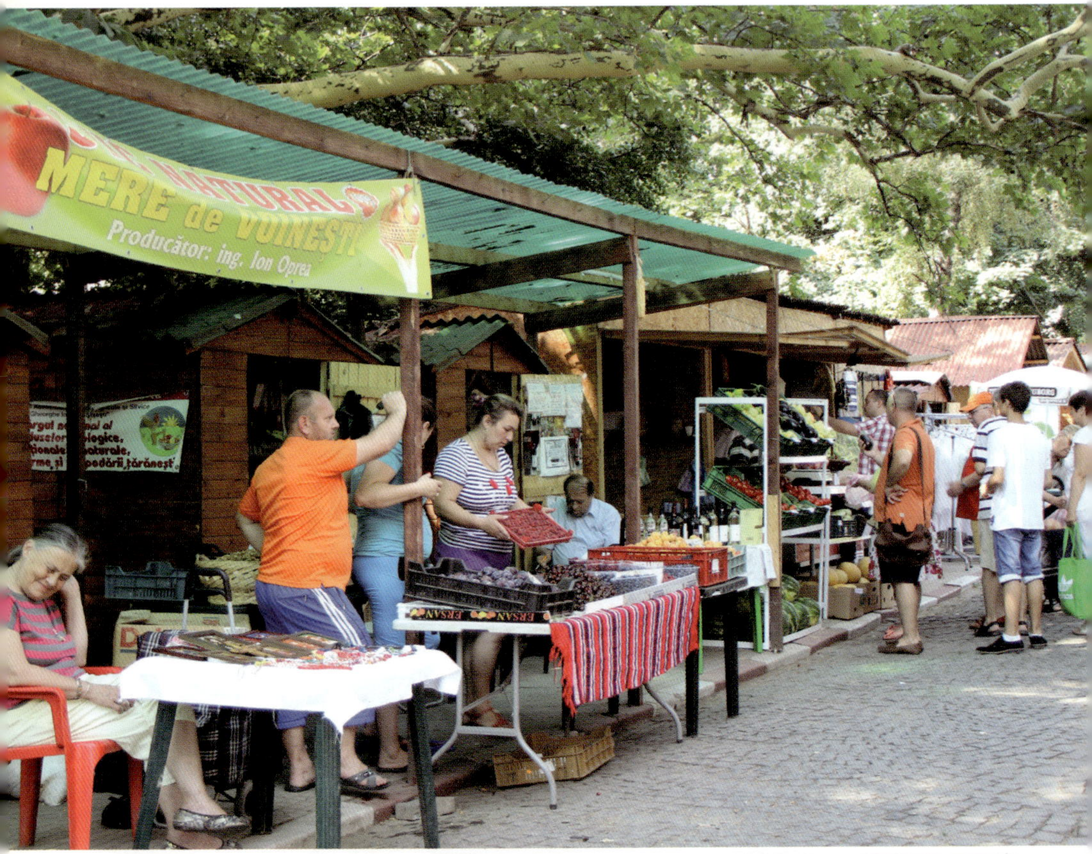
MERE de VOINESTI
Producător: ing. Ion Oprea
ERSAN

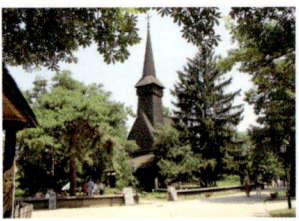

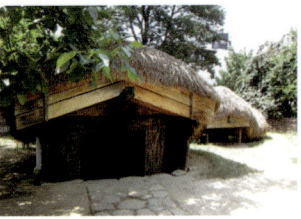

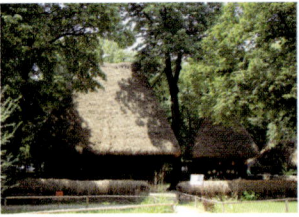

Mama Floarea in Bucharest

전통 오븐에 굽는 루마니아 빵

도시인에게 잊혀진 감성을 불러내고 전통 빵 맛을 알리고 있는 한 아주머니를 루마니아에서
만났다. 그녀는 부카레스트(Bucharest) 도심 속에서 편리한 전기 오븐도 마다하고 점토로 빚은
전통 오븐에 불을 지펴 빵을 굽는다. 전통 빵의 불씨를 되살리는 꽃 엄마(Mama Floarea)의
열정에 온 마음이 따뜻해졌던 특별한 여행을 소개한다.

여덟 개의 호수를 품은 헤라스트라우 공원 근처, 국립 장터에는 특별
한 빵을 굽는 이가 있다. 루마니아 현지 친구, 크리스티나(Cristina)가 미리 섭
외해 만난 그녀는 자신을 '마마 홀로아라(mama Floarea)'라고 소개했다. 여
기서는 엄마 같은 이들의 이름 앞에 루마니아어로 엄마인 마마(mama)를 붙
인다고 한다. 그녀는 자수가 놓인 루마니아 전통 옷을 입고 우리를 요란스럽
게 맞아주었다. 무척 쾌활한 성격의 그녀는 인사를 나누자마자 나를 뒷문 쪽
으로 데려갔다. 얼떨결에 뒷문으로 따라나선 나는 눈앞에 펼쳐진 광경에 입
이 딱 벌어졌다. 마치 가마솥을 엎어 놓은 것 같은 희한한 오븐들이 땅바닥
에 줄지어 놓여 있던 것이다. 예상치도 못한 광경에 절로 환호성이 터졌다.

전통의 불길을 살리다

마마 홀로아라의 본명은 홀로아라 바실레(Floarea Vasile). 루마니아어로 '홀로아라'는 꽃이라는 뜻이다. 그녀는 부카레스트에서 차로 3시간 정도 떨어진 스카리소아라 올트(Scarisoara Olt)에서 아들 내외와 함께 살며 손수 농사지은 유기농 채소와 과일 등을 주말마다 국립 장터에 내다 판다고 했다. 국립 장터가 온 가족의 삶의 터전인 셈이다. 그녀의 아들은 가게를 돌보고 며느리는 빵 굽는 일을 돕는다. 예순을 훌쩍 넘긴 나이지만 그녀는 할머니라 부르기에 무척이나 활기가 넘쳤다. 신바람 나게 빵을 만드는 그녀의 모습은 보는 사람까지 즐겁게 했다. 오래전 빵집에서 일했었다는 그녀는 재미 삼아 혼자서 빵을 만들기 시작한 지 벌써 10년째라고 했다. 그녀가 만드는 빵은 올테니아 지방의 둥글넓적한 빵이다. 정확한 레시피 없이 눈대중으로 적당히 반죽을 배합해 손으로 치대고 빚어서 구운 그녀의 빵은 여느 빵들과 다르게 없어 보인다. 그러나 마마 홀로아라는 부카레스트 도심에서 아주 특이한 전통 오븐인 '테스트(test)'에 빵을 굽는다. 테스트는 라틴어 테스툼(testum)에서 유래한 '찰흙 솥(clay pot)'이라는 뜻으로 불가리아와 알바니아 등지에서 볼 수 있으며 루마니아에서는 주로 남동부의 올테니아(Oltenia) 지방에서 사용한다. 테스트는 5세기경 루마니아의 전통과 관습에 따라 부활절과 같은 특별한 날에 올테니아 지역에서 출토된 가장 오래된 찰흙으로 여자들만이 모여 만들었다. 지금은 아무 때나 테스트를 만들지만 반드시 여자가 만들어야 하는 전통은 여전하다.

언뜻 보기에 우리나라 가마솥을 엎어 놓은 모양의 테스트는 낮게 쌓은 벽돌 위에 설치하는 이동식 오븐이다. 뚜껑 위에 기다란 쇠가 꽂혀 있어 들어서 고정하기가 편리하다. 테스트에 불을 지필 때는 쉽게 타는 진한 향기

1. 찰흙으로 만든 전통 오븐 테스트 2. 마마 훌로아라가 금방 꺼낸 뜨끈한 빵을 들어 보이고 있다. 뒤에는 포도나무 잔가지들이 들어 있는 상자들이 보인다

1. 테스트 속 다 익은 빵의 모습 2. 다 된 빵을 꺼내 나무 상자 위에서 한 김 식히는 중. 다시 불을 지핀 채 며느리와 함께 분주한 그녀 3. 칼로 빵을 자르면 맛이 덜하다며 손으로 빵을 잡아떼어 테이블 위에 여기 저기 흩어 놓은 빵 조각

의 포도 나무 잔가지를 쓴다. 홀로아라의 며느리는 빵을 굽기 전에 테스트를 45도로 고정하고 오븐 안을 다시 데웠다. 새어 나오는 매운 연기와 열기가 무더운 날씨를 더욱 뜨겁게 달궜지만 나는 가까이서 구경하는 것이 무척 즐거웠다. 타다 남은 재는 긁어내고 빵 반죽을 넣은 후에는 다시 잔재를 끌어모아 오븐의 틈새를 막았다. 그날은 아쉽게 볼 수 없었지만 나중에 마마 홀로아라가 출연한 TV 영상을 보니 빵 반죽 밑에 넓적한 호두 나무 이파리를 깔고 굽기도 했다. 빵 밑바닥에 들러붙은 이파리는 먼저 손으로 적당히 떼고 다시 마른 천으로 가볍게 문지르자 쉽게 떨어졌다. 마마 홀로아라는 기계로 만든 평범한 빵에 길든 루마니아 도시인들에게 전통의 빵 맛을 되살려주고 있었다. 이 테스트로 굽는 빵 맛은 결코 쉽게 흉내 낼 수 없다. 이를테면 전기밥솥으로 지은 밥보다도 가마솥에 장작불을 때서 지은 밥이 자르르 윤기도 흐르고 입에 착착 달라붙는 차진 맛을 내는 것과 같다.

즉석에서 구워주는 빵

마마 홀로아라는 빵 반죽을 빚는다며 테스트 앞에 설치된 텐트 안으로 안내했다. 간이식 부엌 한편에 놓인 커다란 플라스틱 그릇에 담긴 반죽이 제일 먼저 눈에 들어왔다. 마마 홀로아라가 오전 7시에 만들었다는 빵 반죽은 그릇 밖으로 곧 넘칠 듯 잔뜩 부풀어 있었다. 그녀는 늘어지는 빵 반죽 위에 밀가루를 살짝 뿌리고 양손으로 반죽을 한 움큼 떼어 기다란 통나무 그릇 안으로 던졌다. 반죽 덩어리를 엇비슷한 크기로 한 움큼씩 떼어내는 손의 감각은 저울이 따로 필요 없었다. 구유같이 생긴 통나무 안은 둥글게 움푹 파여있어 빵 반죽을 갖다 대고 몇 번 치대자 쉽게 둥근 모양으로 빚어졌다. 통나무 안에서 치댄 반죽은 하얀 면포가 깔린 테이블로 옮겨졌다. 면포는 빵 반죽이 들러붙지 않아 치대기 좋고 발효시킬 때도 바닥에 밀가루를 뿌릴 필요가 전혀 없었다.

때마침 가게를 보던 아들이 손님들한테 받은 주문을 가져왔다. 이곳은 빵을 미리 굽지 않고 주문이 들어온 즉시 굽기 때문에 불을 지피는 며느리도 동시에 바빠졌다. 마마 홀로아라와 며느리는 손발이 척척 맞았다. 며느리는 테스트 뚜껑을 열고 준비해 놓은 잔가지를 넣고 불을 지폈다. 마마 홀로아라는 테스트에 반죽을 한 개씩 집어넣고 약 10여 분 정도 구웠다. 빵을 꺼내기 전에 한 번 뒤집고, 바닥에 묻은 재는 마른 천으로 쓱쓱 문질러 털었다.

빵을 찾으러 온 손님에게 누런 종이봉투에 빵을 담아 건네는 그녀의 그을린 얼굴은 마냥 행복해 보였다. 나는 주문받은 후 즉석에서 바로 빵을 굽는 것을 난생처음 봤다. 그녀의 손맛과 함께 재 냄새가 깊게 스며든 빵을 사 들고 가는 사람들이 마냥 부러웠다. 그녀는 조금 후에 점심을 같이 먹자고 했지만 나는 그 사이를 참지 못하고 넉살도 좋게 빵 좀 달라고 했다. 쫀득거리는 빵을 달게 먹고 난 후 손에서 묻어 나오던 재 냄새가 그리 좋을 수 없었다. 얼마나 맛있었던지 지금도 그때 먹었던 빵 맛 생각에 침이 다 넘어갈 정도이다. 가는 나라마다 먹는 빵은 어떻게 모두 최고일까?

치즈와 빵을 결들인 점심 성찬

빵 주문이 뜸해지자 마마 홀로아라는 빵 반죽으로 '콜락(colac)'을 만들기 시작했다. 세 가닥으로 길게 빚은 반죽을 머리 땋듯이 여며 15분간 발효시킨 다음 달걀물을 바르고 구웠다. 그녀는 들꽃을 꺾어다 콜락에 빨간 실로 동여매고 예쁜 천에 담아 거리로 나섰다. 오가는 사람들에게 빵을 떼어 나눠 주자 몇몇 사람들이 실 사이에 돈을 찔러 넣었다. 그 해 처음 수확한 밀

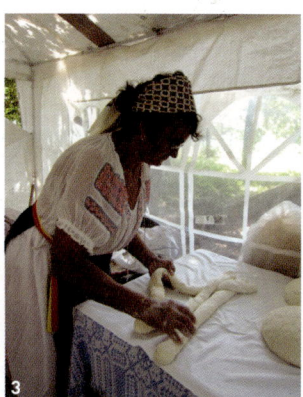

1. 곧 넘칠 듯 부풀어 오른 반죽을 밀어 누르고 있는 마마 홀로아라 2. 기능적으로 속을 깎아 파낸 통나무는 마치 구유같이 생겼다. 둥글게 반죽 치대기 아주 수월하다 3. 흰 면포 위에서 반죽을 밀면 들러붙지 않아 일하기 좋다. 세 가닥으로 빚어 놓은 반죽으로 콜락을 만들고 있다 4. 테스트 안에 콜락을 넣고 있는 모습

1. 다 구워진 콜락을 광고지 위에 올려 들고 있는 마마 홀로아라 2. 콜락에 들꽃을 꺾어다 빨간 실에 동여 매고 있다 3. 예쁜 천 위에 콜락을 받쳐 들고 거리로 나가 오가는 사람들에게 빵을 떼어 나눠 주자 몇몇 사람들이 실 사이에 돈을 찔러 넣었다 4. 올해 첫 수확한 밀로 만들어 건강과 부귀영화를 기원하는 콜락

로 만드는 콜락은 건강과 부귀영화를 기원한다.

　　우리는 일손이 한가해진 오후 1시를 훌쩍 넘겨 늦은 점심을 먹었다. 은행나무 그늘에 놓인 테이블에는 토마토, 치즈, 양파, 수박 등이 차려졌다. 마마 홀로아라는 칼로 빵을 자르면 맛이 덜하다며 손으로 빵을 뜯어 테이블 위에 여기저기 흩어 놓았다. 그녀는 무더운 여름, 빵을 먹을 때는 수박을 음료수 삼아 먹는다며 연신 빵과 수박을 번갈아 먹었다. 그 모습이 재미있어 보여 나도 따라 먹었는데, 빵과 함께 먹는 수박의 새로운 묘미를 발견했다. 탱글탱글 붉은 토마토와 양젖으로 만든 치즈를 빵에 얹어 먹는 맛도 완전 꿀맛이었다. 장터 사람들은 손수 만든 아이스크림, 신선한 과일 주스를 비롯해 각종 치즈와 멜론, 케이크를 자꾸 갖다 줬다. 시장 사람들이 만들어준 근사한 정찬을 즐기고 있는 동안 마마 홀로아라가 이곳의 사장을 직접 초대해 함께 자리를 가졌다.

부카레스트의 유기농 주말 장터

　　국립 장터 사장, 다니엘라(Daniela Popa)는 딸과 함께 찾아왔다. 대학생인 딸 엘라이자(Eliza)는 영어가 유창해 엄마와의 인터뷰를 통역해주었다. 다니엘라는 루마니아 북동쪽의 갈라티(Galati)에서 고등학교를 졸업하고 늘 꿈꾸었던 부카레스트에 있는 대학으로 진학했다. 그녀는 졸업 후 한때 농과 임업 대학교에서 사무직으로 일하다가 농산부 산하기관으로 직장을 옮기면서 유기 농산물에 관심을 갖게 되었다고 한다. 그녀는 유기 농가나 양을 키워 직접 치즈를 만드는 시골 농가에 관한 기사를 자주 접하며 도시인들이 쉽게 접할 수 없는 신선한 친환경 농작물을 도심으로 가져오는 아이디어가 떠올랐다. 농부들이 자신이 생산한 물건을 직접 가지고 와서 파는 농산물 직거래 장터를 열어 일반 시장과의 차별화를 꾀하려는 것이었다.

사업에 착수하자마자 바로 그녀는 각지의 농가를 직접 찾아가 품질을 확인하고 신중하게 농가를 선정했다. 그녀의 딸, 엘라이자 역시 교섭하러 다니는 엄마를 따라 수백 킬로미터 떨어진 곳까지 갔다고 했다. 600km나 떨어진 바이아 마레(Baia Mare)에 차로 8시간 걸려 간 적도 있다. 언덕이나 산골 깊숙한 곳에서 무공해 농사를 지으며 '무공해 삶'을 사는 농부들을 처음 본 엘라이자는 그들이 사는 모습에 감탄했다. 사람들은 다니엘라의 정성에 먼 곳에서도 마다하지 않고 적극적으로 동참해주었다.

또 하나 중요한 것은 장터로 쓸 적절한 부지를 구입하는 일이었다. 그녀는 예전에 근무했던 대학교 바로 옆에 있는 부지의 땅 주인을 설득했고, 6개월간 준비 과정을 거쳐 2010년 6월 6일 드디어 장터를 열었다. 판매하는 제품들은 운송비 등을 고려해 시세보다 조금 높은 가격으로 책정되어 고객 층이 한정적이라는 부담이 따랐다. 하지만 일반 제품과 신선한 무공해 농산물의 품질과 맛은 도시인들에게 어필하기에 충분했다.

나는 농부들이 이렇게 먼 곳까지 와서 얼마나 이익을 내는지 궁금했다. 그녀는 어느 정도는 이익이 있지 않겠느냐며 매주 12시간씩 힘들게 운전하고 오는 농부들의 열의가 자신도 놀랍다고 했다. 이곳에는 친환경 농산물을 비롯해 홈메이드 케이크와 치즈, 육류, 양식 송어, 공예품 등을 판매하는 가게까지 총 30여 개가 운영되고 있다. 매주 금요일부터 일요일까지 오전 9시에서 오후 6시까지 문을 열고 입장은 무료이다. 대신 일요일은 다들 먼 길을 돌아가기 때문에 오후 4시에 문을 닫는다.

인터뷰를 마치고 두 모녀와 함께 장터를 돌아보는데 사고 싶은 것들이 너무 많았다. 그 사이 마마 홀로라는 빵을 구워 나와 동행한 루마니아 친구에게 안겨주었다. 장터 사람들도 감자빵, 케이크, 치즈, 잼, 과일 등 애써

1. 다니엘라와 딸 엘라이자 2. 감자빵은 거의 태우 듯 구워 껍질을
벗겨 내야 한다. 감자빵을 작게 잘라 판다. 단면에 감자가 엉기성기
보인다. 빵 맛이 촉촉하다 3. 부카레스트에서 북으로 300km
떨어진 차로 5시간 걸리는 곳에서 사는 가족이다. 아주머니는
시어머니와 같이 구운 감자빵을 팔고 남편은 양식한 송어를 직접
요리해 판다. 예쁜 딸도 늘 같이 따라 온다. 가게에 걸어 놓은 사진에
집에서 감자빵을 굽는 모습이 보인다. 일요일 오후에 떠나면
다음 날 월요일 새벽에나 집에 도착한다고 한다

1. 다른 몇 종류의 케이크도 만들어 파는 아주머니의 솜씨가 그만이다. 한 조각 먹어 본 달콤한 치즈 파이가 입에서 녹았다

2. 소나무 껍질 안에 치즈를 넣고 3개월 동안 숙성시킨 '브란자 데 브루도프(Brânzâ de burduf)'. 나무껍질을 물에 넣고 10~15분 동안 끓인 다음 치즈를 넣고 꿰매 10~15℃ 정도의 실온에서 숙성시킨다. 소나무 향이 강한 맛의 치즈다 **3.** 양치기 소년 크리스티안은 아버지와 주말마다 와서 치즈를 판다. 치즈 덩어리를 들고 사진을 찍자니 갑자기 검은 양치기 모자를 쓰고 포즈를 취한 멋쟁이 소년이다. 양의 움직이는 소리를 잘 들어야 하기 때문에 모자는 절대 귀를 막지 않는다고 한다. 뒤에 보이는 사진은 크리스티안이 기르는 양 떼들이다

만든 음식들을 잔뜩 싸 줬다. 멀리서부터 힘들게 가져온 것을 우리에게 아무 대가도 바라지 않고 그냥 마음으로 선물해 주던 그들의 온정이 고마웠다. 이들은 한사코 돈을 받지 않으려고 해서 몰래 두고 나왔지만 아직도 마음의 빚을 진 것 같다. 마음이 아름다운 꽃 엄마, 마마 훌로아라와 인정 많은 소박한 장터 사람들과의 만남이 여행의 기억을 더욱 특별하게 만들어 주었다. 아직 안 가본 나라도 많은데 자꾸 루마니아에 다시 가고 싶다.

The Untold Story

딸 엘라이자에게 안부 이메일을 보냈는데 그녀가 놀라운 소식을 전해왔다. 그녀의 엄마, 다니엘라가 더 이상 국립 장터 사업에 관여하지 않으며 2013년 1월 1일부터 땅 주인이 직접 맡아 경영한다는 내용이었다. 땅 주인은 터를 빌려준 것을 일방적으로 해약했고 사업체 역시 정식 매매도 거치지 않고 부당하게 빼앗아 갔다고 했다. 나는 그곳에서 만난 좋은 사람들이 떠올라 매우 쓸쓸한 기분이 들었다.

부다페스트에서 만난 열정, 포시즌 호텔

헝가리를 대표하는 최고급 호텔, 포시즌(Four Seasons Hotel). 세계적으로 예술적인 건축물 중 하나로 손꼽히는 포시즌 호텔은 건축물 자체만큼이나 아름다운 다뉴브 강과 부다페스트의 전경을 감상할 수 있는 곳이다. 나는 이곳에서 자국의 5성급 호텔에서 일하는 헝가리인 마스터 페이스트리 셰프를 만날 수 있었다. 5성급 호텔 대부분 외국인 셰프가 일할 것이라는 내 생각을 당당하게 뒤집으며 시종일관 세심한 배려와 정성으로 나를 감동시켰던 셰프. 실수로부터 가장 의미 있는 성장을 한다고 믿는 그의 완벽한 페이스트리 세계를 여행했다.

포시즌 호텔로 향하는 차창 밖으로 다뉴브 강줄기가 부다페스트의 도심을 가르며 유유히 흘렀다. 부다페스트는 다뉴브 강을 기준으로 서쪽은 부다, 동쪽은 페스트로 구분된다. 1849년에 개통된 세체니 체인 브리지(Széchenyi lánchíd)는 다뉴브 강을 가로지른 최초의 다리이며 동구와 서구로 갈라져 있는 부다페스트를 이어준다.

거의 15년 만에 다시 찾아온 부다페스트의 기억은 희미하기만 했다. 세체니 다리의 정면에 위치한 포시즌 호텔은 다뉴브 강 건너편에 있는 부다 지구가 한눈에 들어오는 그림 같은 전망을 가지고 있다. 불을 밝힌 수천 개의 화려한 전등이 세체니 다리를 훤히 비추며 다뉴브 강물로 번진 불빛은 부다페스트의 야경을 아름답게 수놓았다. 영국의 금융업자인 토마스 그레셤

(Thomas Gresham)의 명칭을 붙여 그레셤 팰리스(Gresham Palace)로 불리는 웅장한 호텔의 건물은 1906년 한 보험 회사에 의해 지어졌다. 한때 아파트와 사무실로 쓰였던 그레셤 팰리스는 그레스코(Gresco) 투자회사가 건물을 사들인 후 2년간 무려 1천억 원이 넘는 돈을 들여 호텔로 복원되었다. 2004년 6월, '포시즌 호텔 그레셤 팰리스'라는 공식 명칭으로 새롭게 탄생한 것이다. 아르 누보(Art Nouveau) 건축 양식으로 완성된 예술적인 건물은 세계적으로 멋진 건축으로 꼽힐 정도이다. 하얀 궁전 같아 보이는 호텔의 입구에 들어서면 공작새가 장식된 아르 누보 양식의 검은 철제문을 지나게 된다. 리셉션으로 가는 긴 복도는 높은 천장의 근사한 스테인드글라스 창으로 자연광이 쏟아져 밝다. 사방의 벽면은 베니스에서 공수해 온 타일로 꾸며졌고 곡선을 그리는 검은색의 육중한 철제들이 곳곳에 눈에 띈다.

로맨틱한 맛을 간직한 전통 초콜릿 케이크

　　5성급 호텔은 으레 서양인 셰프일 것이라는 생각은 부다페스트 포시즌 호텔의 마스터 페이스트리 셰프 '알파드 스쥐스(Árpád Szüsc)'를 만나면 무색해진다. 어떤 실력을 갖춘 셰프이길래 자국인으로서 포시즌 호텔에서 일하는지 매우 궁금했다. 나는 사전에 수석 셰프인 '시모네 체리아(Simone Cerea)'에게 페이스트리 셰프 알파드가 직접 케이크 실연을 해줄 수 있느냐고 물었다. 나는 내심 헝가리 전통 초콜릿 케이크 '리고 얀치(Rigó Jancsi)'를 만들어주기를 기대했다. 하지만 만들기 까다롭다고 알려진 케이크라 말은 못하고 생각만 하고 있었는데, 그는 흔쾌히 리고 얀치를 만들겠다고 전해왔다. 역시 헝가리 셰프다운 최고의 선택이었다.

　　리고 얀치는 실제 러브 스토리가 담긴 초콜릿 케이크이다. 1896년 오

1. 부다페스트의 전경 2. 포시즌 호텔의 모습
3. 포시즌 호텔에서 바라본 아침 7시경의 러시아워 세체니 다리와 부다페스트의 전경

알파드는 아침 뷔페를 위해 준비한 빵과 페이스트리를 매일 직접 점검한다

스트리아 헝가리 제국 시기, 파리의 한 식당에서 벨기에 왕자인 남편과 식사하던 클라라 공주는 바이올린을 켜던 헝가리 집시, 리고 얀치와 한눈에 사랑에 빠진다. 자신의 결혼반지를 빼서 그에게 준 공주는 가족을 버리고 그와 결혼한다. 이들의 사랑을 축하하기 위해 케이크 하나가 만들어졌고 이 케이크에 리고 얀치의 이름이 붙여진 것이다.

　　나는 두 셰프와 함께 지하로 내려가 점심 식사 준비로 분주한 주방들과 페이스트리 작업실을 둘러보았다. 리고 얀치를 실연하기로 한 페이트리 셰프 알파드는 이제부터 '개인 쿠킹 클래스'를 시작한다는 말과 함께 나에게 검정 앞치마 하나를 건넸다. 거기에는 예상치 못한 깜짝 선물이 기다리고 있었다. 나의 이름과 함께 귀엽고 재치 있는 한 마디가 적혀 있었다. 'Today, I am the chef!' 나는 그들의 세심한 마음과 정성에 감탄하지 않을 수 없었다. 본격적으로 리고 얀치를 만들기 시작한 알파드는 먼저 케이크 위에 장식할 초콜릿을 템퍼링(Tempering : 고형 초콜릿을 녹이면서 온도의 고저를 조절하는 과정을 통해 초콜릿의 광택과 내구성을 얻는 기법)하면서 시식용으로 따로 준비해 놓은 독특하고 강한 맛의 헝가리산 다크 초콜릿을 맛보라고 권했다. 전날 구워 놓은 초콜릿 브라우니 위에 슈거파우더를 살짝 뿌리고 초콜릿 무스를 브라우니 높이만큼 약 2cm 정도 올렸다. 그러고 나서 3시간 동안 굳혀야한다고 했지만 그는 다음 단계를 위해 미리 굳힌 것을 냉장고에서 꺼냈다. 곱게 다진 헤이즐넛, 프랄리네 페이스트, 밀크 초콜릿으로 만든 프랄린 크리스피(praline crispy)로 케이크를 코팅했다. 코팅이 완전히 굳은 다음에는 케이크 위에 네모로 자른 초콜릿을 얹고 초콜릿 무스를 파이핑했다. 작업실 한편에 있는 초콜릿 전용 작업대에서 분사 노즐(spray nozzle)로 초콜릿을 뿌려주고 케이크를 마무리하자 한 조각의 리고 얀치가 완성됐다.

　　접시에 초콜릿으로 파이핑을 하고 산딸기 맛 쿨리(coulis : 곱게 간 과일에 설탕을 넣고 조려 체에 거른 것)와 식용 금박을 케이크 위에 살짝 곁들이자 굉장히 근사했다. 알파드의 세심한 마음씨는 앞치마에서 끝난 것이 아니었다. 그는 케이크를 만드는 와중에도 꼼꼼하게 재료의 특성을 설명하고 만드는 것마다 맛보라고 권했으며, 여러 재료들을 맛볼 수 있도록 따로 준비해 주었다. 또한 몇 시간씩이나 굳혀야 하는 복잡한 공정을 미리 준비해 둔 재료로 대치해가며 일사천리로 해냈다. 완성된 리고 얀치를 귀한 보석 진열하듯 신중하게 접시에 담아내던 그의 모습은 케이크처럼 완벽해 보였다. 그사이 수석 셰프 시모네는 작업실에 몇 번이나 찾아와 알파드가 일하는 모습을 넌지시 들여다보았다. 리고 얀치가 완성된 시간에 맞춰 한 웨이트리스가 샴페인 한 병과 시모네가 만든 카나페(canapé)를 들고 왔다. 나는 이들의 배려에 다시 한번 감동했다. 시모네와 함께 샴페인을 터뜨리고 애를 쓴 알파드를 위해 건배를 했다. 접시에 담긴 리고 얀치를 시식하라며 주는데 힘들게 만든 과정을 보고나니 정말 손대기가 아까웠다. 진심으로 미안하다며 도저히 못 먹겠다고 양해를 구하고 대신 눈에 담겠다고 했다. 헝가리의 러브 스토리가 만들어낸 로맨틱한 케이크의 맛은 읽는 이들의 몫으로 남겨두겠다. 당신이 상상할 수 있는 최고의 달콤하고 로맨틱한 맛을 떠올려보면 어떨까.

헝가리 전통 스콘, 포가처

헝가리인들의 인기를 독차지하는 '포가처(pogácsa)'는 헝가리에 간다면 반드시 먹어야할 유명한 전통 스콘이다. 포가처는 라틴어에서 유래된 '벽난로에서 구운 빵'이라는 뜻으로 식사는 물론 티 타임에도 빠지지 않는다. 헝가리를 대표하는 전통 음식 굴라시(goulash : 소고기와 채소 등을 넣고 고춧가루로 맛을 낸 매콤한 스프 또는 스튜)는 약간 매콤한 맛이 한국인의 입맛

1. 알파드는 초콜릿 무스를 브라우니와 같은 높이인 대략 2cm 정도 올린 다음 3시간 이상 미리 굳힌 것을 냉장고에서 꺼내 보였다 **2.** 전날 미리 구운 브라우니 위에 아이싱 슈거를 뿌리는 알파드 **3.** 가장자리에는 블루베리로 장식한 피스타치오 마카롱. 가운데는 타르트 셸 안에 통카 빈(Tonka Bean : 남미에서 자라는 콩과류의 나무에 열리는 열매의 씨로 바닐라, 아몬드, 시나몬 등의 냄새가 나 향료로 쓰인다)으로 만든 페이스트를 넣고 그 위에 '다크 초콜릿 글라세(Dark Chocolate Glace)'로 코팅한 타르트. 통카 빈의 독특한 향을 맛볼 수 있다 **4.** 완성된 리고 얀치

1. 달걀물을 칠하기 전의 기울라이 소시지 맛의 포가처. 커터로 자른 후 칼로 살짝 눌러 윗면에 모양을 낸다 **2.** 치즈의 짭조름한 맛을 즐길 수 있는 사이토시 포가처

에 아주 잘 맞는다. 여기서 기울라이(gyulai) 소시지를 넣어 만든 기울라이 포가처를 곁들여 먹으면 그야말로 환상적인 궁합을 자랑한다. 포가처의 재료 들은 치즈, 소시지, 감자, 양배추, 해바라기씨 등이며 지방마다 맛, 질감, 크기, 모양이 모두 다르다. 질감의 종류도 다양해서 롤빵을 비롯해 비스킷처럼 바 삭거리거나 크루아상처럼 가벼운 층을 이루고 있는 것도 있다. 재미있는 것 은 떡이 자주 등장하는 우리나라 우화처럼 갓 구워 신선한 포가처를 작은 배낭에 넣고 길을 떠나는 이야기가 꽤 흔하다고 한다.

나는 알파드에게 기회가 된다면 포가처 만드는 모습을 촬영하고 싶다 고 했다. 그는 매일 새벽 5시, 다른 셰프가 포가처를 굽고 자신은 오전 7시에 출근한다며 다른 셰프들과의 의사소통을 염려했다. 사진 촬영만 하면 되니 괜찮다고 하자 그는 한 셰프를 만나도록 주선해주었다. 다음 날 로비에서 셰 프를 기다리고 있는데 멀찌감치 씩씩하게 걸어오는 셰프는 다름 아닌 알파드 였다. 깜짝 놀란 나에게 그는 신선한 아침 인사를 건넸다. 정갈한 흰색 셰프

복장으로 자신의 출근 시간보다 한참 전에 나타난 그의 사려 깊은 모습에 미안한 마음마저 들었다. 처음부터 끝까지 알파드가 보여준 투철한 책임감과 세심함 그리고 훌륭한 성품은 실로 감동적이었다. 이날 알파드는 기울라이를 넣은 포가처를 만들었지만 독자들을 위해 재료 구입이 무난한 치즈 맛의 사이토시 포가처(sajtos pogácsa) 레시피를 가르쳐줬다.

열정으로 뭉친 최고의 파트너, 알파드와 시모네

작업실이 조금 한가해진 오후, 알파드와 시모네를 함께 만났다. 나는 먼저 알파드에게 가장 궁금했던 질문을 먼저 던졌다. 헝가리인 페이스트리 셰프로서 자국의 5성급 호텔에서 일하는 그는 어떤 마음일까. "나와 일터는 믿음이라는 끈으로 단단하게 연결되어 있다. 호텔이 나를 믿고 선택해준 것이 무척 자랑스럽다. 하지만 어느 곳에서 일하든 늘 좋은 품질의 페이스트리를 만들고 많은 사람들에게 헝가리 전통 맛을 소개하고 싶다."

알파드는 2007년부터 포시즌 호텔에서 마스터 페이스트리 셰프라는 중책을 맡아 4명의 페이스트리 셰프들과 팀을 이뤄 일한다. 국내외 대회에서 수많은 수상을 한 그의 경력은 지난 10년간의 노력을 말해준다. 그는 맛있는 케이크를 만드는 것은 좋은 레시피를 갖고 있는 것만으로 충분하지 않다고 역설했다. 정성이 담긴 손과 마음가짐, 좋은 재료의 선택은 물론 지속적으로 새로운 변화를 시도하는 것 역시 중요하다고 덧붙였다. 실수를 통해 배우고 발전할 수 있다고 믿는 그는 매일 케이크를 만든다. 실수를 두려워하지 않고 꾸준하고 성실하게 만드는 과정 속에서 새롭게 무언가를 터득하는 그 기쁨. 그 말을 듣고 나니 신이 나서 일하던 알파드 모습이 떠올랐다. 그는 퇴근 후 집에 가서도 페이스트리에 대한 생각이 끊이지 않는다고 했다. 자신의 잠

재력과 창의성을 페이스트리를 통해 드러내는 것이 최대 관건인 것. 또한 그에게 있어 가장 중요한 덕목은 가족의 행복과 멈추지 않는 배움이다.

수석 셰프 시모네는 종종 고객의 입장이 되어 알파드가 만든 것을 냉철하게 평가해준다. 수준급 이태리어를 구사하는 알파드는 이탈리아인 시모네와 원활하게 의사소통했다. 알파드와 같은 해에 포시즌 호텔의 수석 셰프로 근무하기 시작한 시모네는 북부 이탈리아의 베르가모(Bergamo) 태생이다. 시모네는 셰프라는 직업은 자기 자신을 전적으로 헌신해야만 하는 평범하지 않은 직업이라고 했다. 25년간 셰프로 일하며 나이가 들수록 자신의 일에 더욱더 열정이 커지는 것을 발견한다는 시모네 셰프. 그는 자신의 멘토인

힘 있게 끌어안은 시모네와 알파드의 끈끈한 모습

Four Seasons Hotel

주소 Four Seasons Hotel, Gresham Palace, Széchenyi István tér 5-6, 1051 Budapest, Hungary
전화 (+36) 1-268-6000 **웹 사이트** http://www.fourseasons.com/budapest/

이탈리아 수석 셰프의 가르침을 늘 가슴에 품고 있다. '셰프는 스스로 최고의 경지에 이르도록 훈련하는 것에서 최고의 만족을 얻어야 한다.'

인터뷰를 마치며 사진을 찍자고 하니 두 셰프는 서로의 어깨를 힘있게 끌어안았다. 다정한 둘의 모습에서 강하고 끈끈한 팀워크를 느낄 수 있었다. "우리는 서로 깊은 유대감을 갖고 있다. 친밀한 관계를 바탕으로 한 팀워크가 최고의 요리를 만들어낸다고 생각한다"는 시모네 말에 알파드는 다시 한 번 시모네의 어깨를 힘껏 끌어안았다. 내가 만나 본 5성급 호텔 셰프들에게는 몇 가지 공통점이 있다. 투철한 책임감과 마르지 않는 열정 그리고 좋은 재료를 써야 한다는 원칙을 진리와 같이 여긴다는 것이다.

〈사이토시 포가처(sajtos pogácsa) 레시피〉

재료 • 중력분 500g, 드라이 이스트 7g, 설탕 20g, 물 150ml, 버터 200g, 소금 15g, 달걀 2개, 플레인 요거트 100g, 훈제 치즈 250g, 달걀물 용 달걀 2~3개

만드는 방법 • 1. 체에 내린 밀가루와 버터를 골고루 섞는다 2. 미지근한 물에 이스트를 풀어 놓는다 3. 치즈는 곱게 갈아 준비한다(훈제 치즈는 향미가 좋지만 체더 치즈도 무난하다) 4. 1에 모든 재료를 넣어 반죽이 뭉쳐질 때까지 가볍게 치댄 다음 1시간 동안 발효시킨다 5. 반죽의 두께는 약 2.5cm로 밀어 원하는 크기의 커터를 이용해 자른다 6. 윗면에 달걀 물을 바른 다음 20분간 발효시킨다 7. 오븐에 굽기 전 다시 한 번 달걀물을 바르고 200℃ 오븐에서 20분간 색이 날 때까지 굽는다(꺼내기 직전 치즈를 위에 살짝 뿌려 굽기도 한다)

The Untold Story

최근 시모네는 2012년 10월 말에 싱가포르의 5성급 호텔 리젠트 싱가포르(The Regent Singapore)의 수석 셰프 자리로 옮긴다는 소식을 전해왔다. 그는 새로운 도전의 시작에 흥분된다며 요리를 할 수 있는 운명에 감사한다고 했다. 언제나 그의 새로운 도전을 응원한다.

Ruszwurm & Gerbeaud

역사 깊은 부다페스트 카페의 시간 여행

부다페스트에는 오랜 역사를 지닌 카페들이 유난히 많다. 카페 문화를 잠 재웠던 어두운 역사의 그늘 속에서도 어렵게 생존해 전통의 숨결을 이어가고 있다. 오랜 세월이 흐른 후에도 여전히 그 문화가 남아있는 것은 자신들의 역사와 전통에 대한 자부심을 갖고 있는 사람들이 있기 때문이다. 유달리 더웠던 어느 여름날, 부다페스트 카페들의 역사의 한 페이지를 들여다보았다.

186년의 루즈부름을 찾아서

루즈부름(Ruszwurm)의 매니저이자 3대손인 아나벨라(Annabella Szamo)와 약속한 시간에 맞추기 위해 나는 일찍 버스 정류장으로 나섰다. 페스트(Pest) 쪽의 세체니 체인 브리지(Széchenyi lánchíd) 앞에서 16번 미니 버스를 타고 다리를 건너 부다(Buda)의 좁고 구불거리는 도로를 따라 한참을 달렸다. 버스는 어느새 마차시 성당(Mátyás-templom)에 가까운 언덕 꼭대기에 도착했다. 성당 앞의 동상을 뒤로 한 채 약 100m 정도 걸으니 오른쪽으로 올리브색 루즈부름 건물이 보였다. 루즈부름의 고풍스러운 모습을 보는 순간 자연스럽게 오랜 역사 속으로 빠져드는 듯했다.

루즈부름의 정식 상호명은 루즈부름 수크라즈다(Cukrászda). 헝가리어 '수크라즈다'는 과자와 사탕 등의 제조, 또는 판매를 뜻한다. 여느 카페처럼 케이크와 커피 등을 팔면서도 수크라즈다 이름을 고수하는 배경에는 루즈부름의 긴 역사가 숨어있다. 1827년 당과류 제조업자(confectioner) 페렌츠 슈바블(Ferenc Schwabl)은 부다에 과자와 사탕을 파는 가게를 열었다. 3년 후 슈바블이 사망하자 그의 아내는 점원이었던 세 번째 남편 안탈 뮐러(Antal Müller)와 함께 가게를 경영하면서 명성을 유지했다. 남편 뮐러가 만든 린저 비스킷(Linzer buiscuit)은 그와 친분이 두터웠던 한 변호사의 성을 붙인 것으로 현재까지 판매되고 있다. 그 변호사는 처음 가게를 열었던 페렌츠 슈바블의 조카와 결혼했는데, 둘 사이에 낳은 딸이 당과류 제조 수습생이었던 빌모스 루즈부름(Vilmos Ruszwurm)과 결혼하면서 이때부터 가게 이름이 '루즈부름'이 된 것이다. 빌모스 루즈부름의 사망 이후에는 13년간 함께 일해 온 동료 페렌체 토트(Ference Tóth)가 루즈부름을 사들이게 되었다. 나는 루즈부름이 창업자였던 페렌츠 슈바블부터 120여 년 동안 과자와 사탕을 제조하는 사람들에 의해 가게가 지켜졌다는 점이 인상적이었다. 1989년에 헝가리가 민주화되면서 어느 외국인이 루즈부름을 소유했으나 현재는 사모시(Szamos) 일가가 이곳을 운영하고 있다.

3대째 전통을 이어가는 사모시 일가

아나벨라의 할아버지 마차시 사모시(Mátyás Szamos)는 당과류 제조업자였다. 그는 현재 부다페스트에 있는 백여 년 역사의 두 카페, 아우구스트(Café Auguszt)와 제르보(Café Gerbeaud)에서도 일한 경력이 있다. 마차시 사모시는 1962년에 자신의 집에서 마지팬(marzipan : 아몬드 가루와 설탕으로 만든 반죽)으로 케이크 장식을 만드는 사업을 했다. 당시 16살이던 그의

1. 독특한 올리브색 건물의 루즈부름은 멀리서도 쉽게 눈에 들어온다 2. 매장의 왼편 입구로 들어서면 긴 등받이 의자와 테이블들이 벽면으로 길게 놓여있다. 벽면 높이로 세워진 커다란 상아색 벽난로가 눈에 띈다 3. 두 개의 진열장 중간에 있는 작은 판매대를 열고 닫으며 왕래한다. 케이크를 사가는 손님들은 이 앞에서 직접 주문해야 한다
4. 사진을 찍자고 하니 무척이나 수줍음을 타는 아나벨라

1. 한쪽 벽면으로 길게 세워진 나무 장식장에 오밀조밀 놓인 여러 장식품. 반원형의 높은 천장에 매달린 금빛 샹들리에가 환히 불을 밝힌다 2. 편한 바지 차림의 유니폼을 입은 직원 모습 3. 두 개의 비스킷 사이에 살구잼을 넣어 맞붙인 린저 비스킷 4. 도보스 케이크(Dobos Torta). 케이크를 처음 만든 도보스(József C. Dobos) 이름을 딴 헝가리의 대표적인 전통 케이크. 스펀지 케이크 사이에 초콜릿 버터크림을 발라 5층으로 쌓은 후, 캐러멜을 부어 굳힌 케이크를 맨 위 장식으로 올린다 5. 바삭하게 구운 얇은 퍼프 페이스트리 사이에 페이스트리 크림이 잔뜩 든 부드러운 크리메쉬

아들 미클로시(Miklós Szamos)는 마지팬 제작을 책임졌다. 1970년대 말에는 일가가 사업에 참여하면서 큰 성공을 거두게 된다. 1987년에는 아들 미클로시가 카페를 열어 온 가족이 카페를 경영하게 되면서 아버지가 만든 핸드메이드 사탕과 케이크, 디저트류를 판매하기 시작했다. 미클로시는 외국인 주인으로부터 1994년에 루즈부름을 매수했으며 현재는 미클로시의 큰딸 아나벨라(Annabella)와 둘째 딸 리디아(Lídia)가 루즈부름을 경영하고 있다.

아나벨라는 할아버지인 마차시 사모시를 손재주가 뛰어난 페이스트리 셰프이자 강직한 성격의 소유자라고 했다. 그는 적지 않은 나이에도 케이크 개발에 전념하며 루즈부름의 맛을 지켜왔다. 그녀는 그런 자신의 할아버지를 가장 존경한다고 했다. 또한 경제학을 전공한 아버지로부터 동생과 함께 사업 경영에 대해 많은 것을 배운다. 그녀는 할아버지의 철학이 그대로 담겨있는 루즈부름의 명성을 이어가며 전통 레시피로 만드는 루즈부름의 맛을 지킬 것이라고 밝혔다.

세월의 흔적이 담긴 작업실

아나벨라를 따라 매장 양쪽의 케이크 진열장 사이를 통해 작업실로 들어갔다. 작업실 벽면은 하얀색 타일로 둘러싸여 있고 비좁은 공간에서 돌아가는 선풍기 바람이 오히려 후끈하게 느껴졌다. 페이스트리 셰프 벨라(Acel Bela)는 대리석 작업대 위에서 사과와 체리 맛 스트루들(strudel : 얇은 페이스트리 반죽에 과일 등을 넣어 만듦)을 한창 만들고 있었다. 42년 경력의 벨라 셰프는 루즈부름에서 6년째 근무 중이며 4명의 셰프들과 함께 오전 6시부터 일찌감치 작업을 시작한다. 그는 동료 셰프들 모두가 훌륭한 기술을 가졌다며 칭찬을 아끼지 않았다.

그러나 루즈부름을 대표하는 케이크 크리메쉬(Krémes) 만드는 것을 볼 수 없어 조금 아쉬웠다. 크리메쉬는 '크림이 많이 든'이라는 뜻으로 바삭하게 구운 얇은 퍼프 페이스트리(puff pastry : 반죽 사이에 버터가 켜켜이 얇은 층을 이루는 가벼운 빵 반죽) 사이에 페이스트리 크림(pastry cream)을 듬뿍 넣고 네모지게 자른 후 위에 슈거 파우더를 뿌린 것이다. 벨라 셰프에게 입에서 스르르 녹아내리는 크리메쉬의 비결을 가르쳐달라고 했다. 그는 한쪽 눈을 찡긋하며 얼굴 가득 미소를 띄운 채 페이스트리 크림(pastry cream)을 만들 때 우유 1리터에 노른자를 10개 넣는다고 했다.

티롤(Tyrol : 오스트리아 서부)식 스트루들 만드는 방법은 꽤 특이했다. 길게 썬 페이스트리 반죽에 스펀지 케이크를 두고 그 위에 페이스트리 크림을 굵게 파이핑했다. 그다음 체리나 사과를 넉넉하게 넣고 레이스 모양을 낸 페이스트리 반죽 위에 덮었다. 헝가리 식품 거래 규정상 스트루들의 양끝은 손님들에게 서빙하지 않는다고 한다. 마차시 사모시가 개발한 마지팬을 넣어 만든 사모시(Szamos)와 마차시(Mátyás) 케이크는 겨울에만 만들기 때문에 먹어 볼 수는 없었다. 벨라 셰프가 겨울에 다시 와서 케이크 만드는 것을 보라고 말해주어 고마웠다. 아쉬워하는 나에게 그는 마차시 사모시 고유의 레시피로 만드는 루즈부름의 케이크는 프랑스의 고급 재료로 맛을 낸다고 귀뜸해줬다.

Ruszwurm

주소 Ruszwurm Confectionary, Szentháromság St 7, 1014 Budapest Hungary

전화 (+36) 1- 3755-284 **웹 사이트** http://www.ruszwurm.hu/

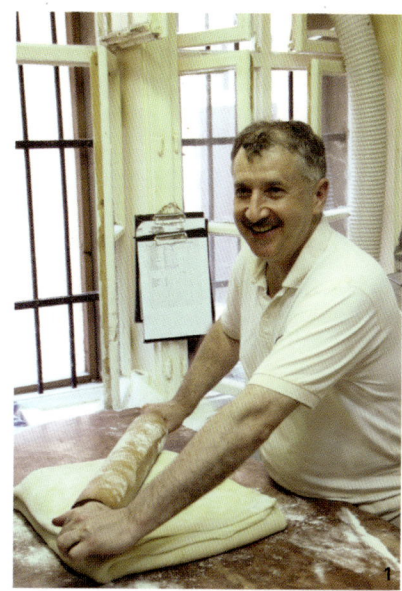

1. 창문을 활짝 연 채 대리석 작업대 위에서
퍼프 페이스트리 반죽을 미는 벨라 2. 길게 썬
페이스트리에 스펀지 케이크를 두고 그 위에
페이스트리 크림을 굵게 파이핑한다 3. 굵직하게
썬 사과를 봉긋하게 올려 놓는다 4. 독자들을
위해 사과와 체리맛 스트루들을 나란히 만들어
보였다 5. 레이스 모양을 낸 페이스트리 반죽을
맨 위에 덮는다. 달걀물을 바른 뒤 220℃
오븐에서 20분간 굽는다
6. 완성된 티롤식 스트루들

1. 뵈뢰스마르티 광장(Vörösmarty Square) 앞의 웅장한 제르보 건물. 낮 기온이 36℃를 오르내리는 무더운 여름 날씨에도 건물 앞에 놓인 테이블들은 만원이다 **2.** 루이 16세의 바로크 스타일 천장이 화려한 카페 내부. 뜨거운 한여름에 에어컨 시설이 없어 손님들은 노천 테이블에 앉아 있다

오랜 맛의 역사가 깃든 카페 제르보

　　루즈부름의 취재를 마친 후 다시 버스를 타고 페스트의 올드 타운으로 향했다. 전혀 섭외가 이뤄지지 않았던 제르보 카페(Café Gerbeaud)에 가기 위해 그날 오후 일정을 비워두었다. 몇 개월 전부터 제르보에 수없이 연락해 취재 섭외를 시도했지만 결국 답변을 못 듣고 부다페스트에 도착하게 되었다. 역사적인 올드 타운의 도심에 있는 번잡한 바치 거리(Váci utca)를 10여 분 걷다 보니 뵈뢰스마르티 광장(Vörösmarty Square)에 다다랐다.

　　광장 앞의 제르보 건물은 압도적으로 거대했다. 건물 1층에 위치한 제르보 카페는 바로크 스타일로 꾸며져 마치 궁전에 들어선 듯했고 매장 역시 놀라울 정도로 어마어마한 규모였다. 워낙 무더운 날씨다 보니 밖에 놓인 테이블은 사람들로 가득 찼고 매장은 텅 비어있었다. 부다페스트의 오래된 건물들은 문화재로 지정되어 있어 건물을 함부로 고칠 수가 없다. 개조 허가를 받는 것조차도 어려워 에어컨을 설치할 수 없기 때문에 매장 안은 꽤 더웠다. 카운터의 한 여직원에게 매니저를 만나고 싶다고 말한 후 잠시 기다렸다. 얼마 후 키가 큰 세련된 외모의 한 여자가 성큼 다가왔다. 안나 니스카치(Anna Niszkacs)라는 이름의 그녀는 홍보 매니저이자 제르보 현 주인의 딸이었다.

웅장하고 멋진 제르보 건물은 헨리크 쿠글레르(Henrik Kugler)가 1858년에 세운 커피 하우스였다. 1882년, 쿠글레르는 프랑스 여행에서 스위스 태생의 당과자 제조업자 에밀레 제르보(Emile Gerbeaud)를 만나게 된다. 쿠글레르는 제르보의 탁월한 기술을 발견하고 그와 동업을 시작하면서 좋은 반응을 얻게 된다. 자식이 없었던 쿠글레르는 1884년 제르보에게 건물을 매도한다. 그가 죽고 나자 그의 부인이 경영하게 되었지만 1950년대 국유화되었고 헝가리가 민주화되기 전까지 '뵈뢰스마르티'로 불렸다. 그 후 1984년, 제르보 일가가 이곳을 다시 사들이면서 오랫동안 잃어버렸던 이름, 제르보를 되찾게 되었다.

제2의 전성기를 꿈꾸는 제르보의 도전

유럽에서 장대한 규모의 전통적인 커피 하우스로 꼽히는 제르보는 부다페스트에서 몇 손가락 안에 드는 카페다. 네 명의 제빵사를 포함한 30여 명이 넘는 페이스트리 셰프들이 최고급 재료로 전통 헝가리 케이크를 만든다. 안나는 제품의 맛과 품질은 직접 먹어 보면 알 것이라고 했다. 활짝 웃는 그녀의 얼굴에 자신감이 넘쳤다.

제르보의 유일한 분점은 바로 도쿄에 있다. 어떻게 멀고 먼 아시아에 제르보를 열게 되었을까 궁금했다. 어느 날, 페이스트리 사업에 관심이 있는

1. 야외 테이블로 음료와 디저트를 나르는 직원의 모습 2. 홍보 매니저 안나 3. 딸기를 곱게 갈아 거품을 내고 신선한 과일을 얹은 바닐라 맛 아이스크림 디저트 선데(Sundae)

1. 2층으로 나누어 독특하게 만든 제르보의 크리메쉬 2. 허브 바질과 레몬을 넣어 만든 바질 레몬 케이크(Bazsalikomos Citron). 사르르 녹는 부드러운 감촉의 케이크로, 무스 안에 든 산딸기의 상큼한 맛이 잘 살아 있다

한 열성적인 일본인 사업가가 찾아왔다고 한다. 그의 사업 제안에 대해 맨 처음 가족들은 하나같이 반신반의했다. 하지만 결국에는 그의 열의에 감복하여 도쿄에 분점을 열게 되었고 아무도 예상치 못했던 그 계획은 성공적이었다. 2009년 도쿄에 분점을 열었을 당시 모두 감탄했을 정도였다. 나는 도쿄에서도 이곳의 제르보와 똑같은 맛을 볼 수 있는지 궁금했다. 그녀는 일본인들의 입맛에 맞게 약간은 변화가 있을 수도 있지만 일본 페이스트리 셰프들이 제르보에 와서 직접 레시피와 기술을 배워갔다고 강조했다.

어느 곳이든 전성기가 있듯이 제르보는 1920년대 최고의 기세를 떨쳤다고 한다. 하지만 안나는 오늘날의 제르보 역시 당시의 명성만큼 정상을 달리고 있다고 확신했다. 그녀는 장기적으로 더욱 다양한 초콜릿을 개발할 계획이라고 했다. 안나의 말에 따르면 제르보는 지금 새로운 것을 꿈꾸며 변화하는 단계이다. 제르보의 전통을 유지하면서도 시대의 흐름에 맞는 제품을 만드는 중대한 과제를 안고 있는 것이다. 나는 그녀에게 경쟁하고 있는 곳이 있느냐는 얄궂은 질문을 했다. 그녀는 "긴 역사를 가진 제르보나 루즈부름은 각자의 전통을 유지하며 서로 다른 스타일이기 때문에 경쟁한다고 생각하지는 않는다"고 대답했다.

3. 산딸기 & 피스타치오 마카롱 케이크. 가격은 1050포린트(약 5천2백 원) **4.** 바삭거리는 비스킷 위에 진한 초콜릿 맛의 무스를 올린 로열 발로나 초콜릿 케이크(Royal Valhona Chocolate Cake). 제르보가 손꼽는 케이크 중 하나

　　지금은 2007년 확장한 외식 사업에 심혈을 기울이고 있다. 제르보 카페 옆에 국제적인 레스토랑, 오닉스(Onyx)를 오픈한 것이다. 오닉스는 2011년 미슐랭 가이드(Guide Michelin : 세계 최고 권위의 레스토랑 가이드)에서 주는 미슐랭 스타 한 개를 받았다. 그녀는 매우 큰 영예라며 무척이나 뿌듯해 했다.

　　부다페스트의 고전적인 커피 하우스는 1910년대 초에서 1930년 대에 걸쳐 가장 활성화되었는데, 무려 500여 개나 되었다고 한다. 어두운 역사의 소용돌이 속에서 생존하여 다시 부활한 카페들은 그들 역사의 건재함을 보여주는 동시에 전통 케이크로 사람들의 입맛을 다시금 깨우고 있다. 역사를 거스르는 시간 여행을 통해 본 루즈부름과 제르보 카페는 헝가리인들이 오랫동안 곁에 두고 꺼내보고 싶은 마음의 보석상자 같았다.

Café Gerbeaud

주소 Café Gerbeaud, Vörösmarty tér7-8, 1051 Budapest, Hungary

전화 (+36)1-429-9000 **웹 사이트** www.gerbeaud.hu

Hverarúgbrauð in Iceland
아이슬란드 천혜의 자연에서 구운 호밀 빵

경이롭고 위대한 자연경관을 가진 아이슬란드(Iceland). 눈이 시리도록 맑은 쪽빛 하늘과
들판 너머의 만년설은 한여름의 더위마저 잊게 한다. 적막에 잠겨있는 황량한 대지,
화산활동으로 만들어진 다채로운 경관은 그 자체로 예술 작품. 천혜의 자연을 이용해
기발한 방법으로 빵을 굽는 아이슬란드인들의 빛나는 지혜를 소개한다.

　　노르웨이와 그린란드 사이에 위치해 북극에 가까운 섬나라 아이슬란
드. 아이슬란드의 면적은 한국의 절반 정도이다. 나라 이름과는 달리 사실상
나라 면적의 12% 정도만이 얼음으로 뒤덮여 있고 화산 활동도 활발하다. 총
인구는 약 30만 명. 그중 수도 레이캬비크(Reykjavík)에 약 10만 명이 산다.
거의 모든 생활용품을 수입하는 아이슬란드는 유럽에서 물가가 최고 비싼
나라로 알려져 있는데 실제 가보니 정말 놀랄 정도였다. 저학년에서부터 영어
를 가르쳐 많은 사람들이 영어를 자유자재로 구사하고 덴마크어, 독일어 등
3~4개 외국어를 하는 사람도 비일비재하다. 아이슬란드인들은 결혼 후 낳은
자녀의 성 끝에 딸은 도피르(dottir), 아들은 손(son)을 붙여 형제나 자매끼
리 각기 다른 성을 갖는 특이한 관습이 있다.

내가 여행한 8월 초순 날씨는 18℃를 웃돌았는데 평년 기온보다 높은 좋은 여름 날씨라고 했다. 사람들은 시원한 여름옷을 입고 햇빛을 즐겼지만 나는 뜨거운 햇살과 약간 차가운 바람이 한국의 가을 날씨처럼 느껴졌다. 여름에는 오전 4시면 동이 트지만 저녁에는 밤 10시가 넘어서야 어둑어둑해진다. 신기하게도 6월은 절대 어두워지지 않으며 겨울에는 해가 오전 11시경 떠서 낮 시간이 불과 5시간밖에 안 된다고 한다. 여행하는 동안 부러웠던 것 중 하나는 공인된 지하수를 식수로 사용해 수도꼭지만 틀면 어디서든 시원한 물을 마실 수 있다는 점이었다. 또한 레스토랑에서는 생수를 무료로 제공했다. 콸콸 쏟아지는 온천수는 조심해야 할 정도로 무척 뜨겁고 유황이 함유돼 식수로는 사용하지 못한다.

레이캬비크에서 약 100km 정도 떨어진 라흐가르바튼(Laugarvatn)은 3백여 명의 주민이 사는 아주 작은 마을. 이곳에서 불과 40분 떨어진 곳에 위치한 '골든 서클'이라 불리는 세계적인 명소 세 곳을 보기 위해 머물렀다. 해마다 여름 방학이 되면 두 개의 학교 건물과 기숙사가 호텔로 변신한다. 6월 10일부터 개학하기 전인 8월 20일까지 학생이 아닌, 관광객을 위한 공간이 되는 것. 아이슬란드의 여름 한 철 관광 사업에 잘 맞는 경제적인 방법이라는 생각이 들었다. 나는 호텔로 멀쑥하게 변신한 기숙사에서 며칠간 지냈다.

호숫가 '모래 오븐'으로 구운 호밀 빵

이번 휴가에도 어김없이 아이슬란드의 빵과 디저트에 대한 궁금증을 참지 못하고 호텔의 매니저 시기(Siggi, 본명은 Sigurdur)에게 대표적인 빵과 디저트가 있는지 물었다. 하지만 호텔은 외국인 투숙객을 위주로 흰 빵만을 만들어 특별히 소개할 만한 빵이 없다고 아쉬워했다. 그러던 그가 갑자기 반

1. 경이롭고 위대한 자연경관을 가진 아이슬란드 2. 아이슬란드에서 모든 취재를 도와준 린다와 시기

라카는 차에서 긴 부삽을 꺼내 들더니 크고 작은
돌들이 표시된 모래밭을 가리켰다

호숫가 바로 옆의 모래사장이 바로 빵을 굽는
장소. 그들의 표식인 막대기가 꽂혀있다

빵을 꺼내고 난 구덩이. 이렇게
뜨거운 물이 끓어오르는 곳을
파내고 반죽을 묻는다

색하면서 "My mom!"하고 외치더니, 아마도 자신의 엄마가 빵을 굽고 있을지도 모른다고 했다. 빵을 모래밭에 묻어 굽는다는 특이한 방식을 듣고 나니, 도무지 상상이 되지 않고 호기심만 점점 커져갔다. 그의 엄마는 내가 찾아가는 것을 흔쾌히 승낙했고, 여동생이 통역해 줄 것이라고 했다. 한순간 모든 일이 너무 순조롭게 진행되어 기뻤고 귀중한 체험을 하게 된 행운에 감사했다.

얼마 후 시기의 엄마 린다(Linda)와 여동생 라카(Ragnheidur)가 호텔로 찾아와 함께 차로 5분 거리의 호숫가에 도착했다. 오후 5시가 조금 넘었는데 아직도 햇살은 대낮처럼 따갑고 바람만 서늘했다. 린다는 공동 창고에서 테이블을 꺼내온 후 집에서 가져온 훈제 송어를 꺼내놓았다. 여동생 라카는 곧바로 차에서 부삽을 꺼내 들고는 나에게 빵이 묻힌 곳을 가리켰다. 모래사장 한편 귀퉁이에 크고 작은 돌들로 빵 주인을 표시한 모습이 무척이나 정겨워 보였다. 땅속에서 보글보글 끓어 오르는 온천수와 지열을 이용해 모래에 빵을 묻어 굽는 모습이 기상천외했다. 천연자원을 이용한 호숫가의 '모래 오븐'이라니. 나는 그들의 지혜로움에 감탄을 금치 못했다. 빵 이름은 만들어지는 방식 그대로 '전통 온천에 구운 호밀 빵(Hverarúgbrauð)'이다.

린다는 69세라는 나이가 믿어지지 않는 능숙한 솜씨로 삽질을 했다. 대략 20~30cm가량 모래밭을 파내자 비닐 봉투에 싸인 빵의 모습이 드러났고 그녀는 삽으로 덩어리를 들어 올려 휙 모래사장 위로 던졌다. 호밀 빵을 꺼낸 자리의 웅덩이에서는 놀랍게도 물이 부글부글 소리를 내면서 계속 끓고 있었다. 24시간 동안 온천수를 이용해 빵을 찌면서 동시에 모래밭의 뜨거운 열기로 굽는 것이었다. 과연 이보다 더 오래 굽는 빵이 있을까?

린다는 파낸 웅덩이에 달걀을 넣어 5분간 삶으면 안성맞춤이라며 웃었다. 마을 주민들은 호숫가 두 군데를 오븐으로 이용하고 있으며 그날 그녀는 두 곳에 묻어둔 빵을 캐냈다. 단단히 묶은 비닐 백을 푸니 다시 랩에 칭칭 감긴 용기가 모습을 드러냈다. 뚜껑을 열자 밀크 초콜릿색의 뜨끈한 빵에서 김이 모락모락 났다. 빵이 쉽게 나오게 칼로 양철통 가장자리를 한 번 돌려 도마 위에 엎었다.

그들은 빵을 시식할 수 있도록 세심하게 모든 준비를 해왔다. 린다는 아주 얇게 썬 빵에 버터를 듬뿍 발라 먼저 나에게 한 조각을 건넸다. 버터나 마가린을 전혀 넣지 않았지만 밀가루 일곱 컵에 설탕 두 컵이 들어가 은근히 단맛이 돌았다. 빵 맛이 약간 달아 생소했지만 촉촉하고 쫀득거리는 질감이 특이했다. 두툼하게 썬 훈제 송어를 빵 위에 올려 먹으니 훈제할 때 그을린 냄새가 빵과 어우러져 그 독특한 맛이 기막히게 좋았다. 아마도 그런 맛은 두 번 다시는 보지 못할 것 같다. 호밀 빵은 냉동고에 2개월가량 보관할 수 있고 훈제 송어와 먹으면 제일 맛있다고 한다. 나중에 알고 보니 훈제 송어는 호숫가에서 잡은 송어를 창고 뒤편 건물에서 직접 훈제해 판매하고 있었다. 이른 저녁부터 얼마나 많이 먹었는지 저녁 한 끼를 먹은 듯 배가 불렀다.

엄마가 전해주는 호밀 빵 레시피

나는 염치불구하고 린다에게 빵 만드는 것을 보지 못해 아쉽다며 한 번 더 만들어 달라는 어려운 부탁을 했다. 호숫가에서 헤어진 후 저녁 7시에 호텔에서 린다를 다시 만나 그녀의 집에 도착하니 집에서는 시기가 나를 반갑게 맞았다. 그는 근무 도중 취재하는 것을 보러 잠깐 들렀다고 했다. 린다가 빵 반죽을 만드는 동안 시기는 호밀 빵의 레시피를 다 외우고 있어 나에게 줄줄이 써줬다. 시기는 내가 훈제 송어를 달게 먹은 것을 전해 들었는지 참나무보다 양의 똥을 말려 전통적인 방식으로 훈연한 것이 훨씬 맛있다며 웃었다. 아이슬란드에서는 추운 겨울 양을 실내에서 키워 바닥에 깔아 놓은

바로 꺼낸 뜨끈한 빵을
반으로 자르고 있다

삼각형 모양으로 얇게 썬 호밀 빵,
옆에 버터와 훈제 송어가 보인다

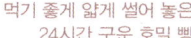

먹기 좋게 얇게 썰어 놓은
24시간 구운 호밀 빵

1. 걸쭉한 반죽을 그대로 틀에 2/3정도 붓는다 2. 작은 커피 잔으로 호밀가루를
계량하는 모습 3. 왼쪽에 있는 것은 빵틀. 모든 재료를 넣고 마지막으로 우유를 부어
4~5분 정도 잘 저어준다 4. 뚜껑을 덮기 전에도 물과 모래가 들어가지 않도록
랩으로 감아준다

지푸라기 위에 싼 양의 똥을 송어와 함께 태운다고 했다.

　20세기 초기의 여성들은 일반 학교 대신 소위 가사 학교에 다니면서 주부 교육을 받았는데, 린다 역시 가사 학교에 다녔다는 사실을 자랑스러워했다. 애초에 밀이 재배되지 않는 아이슬란드는 감자가 주식이었고 100여 년 전부터 밀가루가 수입되기 시작했다. 호밀 빵의 레시피는 덴마크로부터 유래된 것으로 알려졌으나 아이슬란드인들은 그들의 지형적 조건을 이용해 빵을 굽게 된 것이라고 주장한다. 빵 반죽을 시작하기 전에 린다는 적어도 80~90년 되었을 거라며 자신의 엄마한테 물려받은 낡은 책 한 권을 부엌 선반에서 꺼내 보였다. 책에는 정성스럽게 쓴 레시피가 가득 적혀 있었고 린다는 너덜너덜한 책장을 한장 한장 넘기면서 20살 때 처음 호밀 빵 굽는 것을 엄마한테 배웠다고 회상했다.

　재료 준비를 마친 린다는 빵틀 안에 골고루 마가린을 바르고 커피잔으로 계량했다. 밀가루는 체에 치지 않고 그릇에 모든 재료를 넣어 우유를 부은 다음 4~5분 정도 나무 주걱으로 잘 저었다. 반죽 상태는 흘러내릴 정도로 묽었고 발효 없이 만드는 과정은 비교적 간단해 보였다. 따로 빵 굽는 특별한 용기는 없지만 반드시 뚜껑이 있어야 해서 린다는 캠핑 그릇같이 생긴 둥근 통을 사용한다. 반죽을 통에 부으니 통의 2/3 정도로 반죽이 차올랐다. 뚜껑을 덮은 다음 물이나 모래가 들어가지 않게 랩으로 칭칭 감고 나서 다시 비닐 봉투로 두 번이나 단단히 동여맸다. 린다는 호밀 빵을 만들 때 사람들은 건강을 생각해 간혹 백설탕 대신 흑설탕을 쓰지만 빵 반죽이 제대로 부풀지를 않아 실패한다며 백설탕을 사용해야 한다고 했다. 가정에서 호밀 빵을 오븐에 구울 때는 크기에 따라 다르지만 100℃에서 9~12시간 혹은 170℃에서 3~4시간 정도 걸린다고 한다. 빵집이나 슈퍼마켓에서도 호밀 빵을 판매하지만 자연의 품속에서 구워지는 빵 맛과 비교할 수는 없을 것이다.

시기는 빵 반죽을 묻으러 집을 나서면서 내가 한국에서 온 첫 손님이라 함께 기념사진을 찍어야 한다며 카메라를 챙겼다. 우리는 모두 함께 호숫가로 차를 타고 이동했다. 한동안 잘 달리던 시기가 갑자기 차를 세우더니 정작 모래밭에 묻을 반죽을 집에 두고 나왔다고 했다. 우리는 그에게 면박을 주는 대신 모두 한바탕 웃음을 터뜨렸다.

엄마 대신 팔을 걷어붙인 시기는 단골 자리에 구덩이를 파고 숙련된 솜씨로 통을 묻었다. 봉긋하게 솟은 모래더미 위에 막대기를 꽂아 푯말을 세우는 린다의 모습을 바라보며 나는 다음 날 따끈한 호밀 빵을 꺼내 먹을 그들의 행복한 모습을 그렸다. 시기의 가족과 헤어지기 전 기념사진을 찍고 나자 린다는 오후에 구운 호밀 빵을 잘라 포일에 싸줬다. 그녀의 딸 라카는 냉장고에서 훈제 송어를 꺼내더니 호밀 빵과 먹으라면서 빵 가방 안에 넣어 줬다. 김이 모락모락 나는 호밀 빵만큼이나 따끈한 그들의 마음을 가슴에 담아 왔다.

〈린다가 그녀의 엄마에게 물려받은 호밀 빵 레시피〉
재료 • 호밀 5컵, 강력분 2컵, 백설탕 2컵, 베이킹파우더 4 작은 스푼, 소금 1 작은 스푼
우유 1 리터 * 계량컵은 작은 커피잔을 사용한다

시기는 아주 능숙한 솜씨로 모래를 파냈고 린다는 빵틀을 묻을 준비를 하고 있다

태국 샹그리라 호텔에서 만난 최고의 멘토

고풍스러운 문화 유적과 현대적이고 감각적인 고층 빌딩이 공존하는 도시, 방콕. 태국의
유명한 5성급 호텔 샹그리라에는 태국에 대한 애정이 넘치는 한 외국인 페이스트리 셰프가
있다. 자로 잰 듯한 완벽함으로 많은 이들에게 훌륭한 멘토가 되고 있는 셰프. 전혀 훈련되지
않은 초보자를 훌륭한 셰프로 성장할 수 있도록 돕기 위해 자신부터 끊임없이 담금질해야
한다고 믿는 그는 내가 만난 이 시대의 진정한 셰프 중 한 사람이었다.

나는 가끔 아시아의 최고급 호텔에서 일하는 서양인 셰프가 궁금했
다. 본고장 최고의 맛을 낸다 해도 세계 각국의 관광객들과 현지 고객들의 입
맛을 사로잡는다는 것은 쉬운 일이 아닐 것이다. 샹그리라 호텔은 세계 각지
에 66개의 호텔과 리조트를 둔 아시아 최대 규모의 호텔 그룹이다.

취재를 위해 호텔의 홍보담당 매니저 수드사마이(Khanitta Sudsamai)
와 연락한 끝에 수석 페이스트리 셰프, 프랑크 브라운(Frank Braun)과 만날
수 있는 자리가 마련되었다. 다음 날 오전에 있을 취재를 위해 우선 그의 웹
사이트에 들어가보았다. '지식의 유일한 원천은 경험이다(The only source of
knowledge is experience)'라는 아인슈타인의 명언이 눈에 띄었다. 이 짧은
문구는 브라운 셰프의 신념을 대변하는 듯했다.

1966년 중부 독일의 뉘른베르크(Nürnberg) 태생인 브라운 셰프는

1982년 프랑크푸르트(Frankfurt)의 어느 페이스트리 숍에서 실습생으로 출발해 독일의 여러 도시에서 경력을 쌓았다. 그의 25년 셰프 경력은 화려했다. 유럽의 몇몇 나라를 거쳐 1990년 홍콩의 한 호텔에서 2년간 일했다. 당시를 회고하던 브라운 셰프는 독일로 돌아간 후 아시아의 여러 나라가 그리웠다고 했다. 결국 그는 중국을 찾았고 필리핀, 대만, 인도네시아, 싱가포르 등의 여러 호텔에서 수석 셰프로 근무했다.

그리고 1997년 처음으로 근무했던 방콕의 샹그리라 호텔을 잊지 못하고 태국의 매력에 끌려 2008년 11월 다시 이곳으로 돌아왔다. 장시간 노동이 힘들기는 하지만 내가 좋아서 하는 일이고 일 자체를 정말로 즐기고 있다는 그는 다른 직업을 갖는 것은 상상조차 할 수 없다고 했다. 아시아 지역에서 일하는 싶어하는 셰프들에게 조언을 부탁하자, "이곳을 좋아하거나 증오할 것 (Like or hate!)"이라고 단호하게 대답했다. 매력적이고 해볼 만한 가치가 있는 일이기는 하지만 그 나라에 대한 편견이 없어야 하고 적응력도 뒤따라야 한다는 것. 무엇보다도 기회를 포착하는 것이 성공의 비결이라고 덧붙였다.

좋은 셰프의 또 다른 이름, 멘토

그는 수석 페이스트리 셰프로서 다른 모든 부서의 셰프들을 총감독하고 훈련시키며 새로운 페이스트리 메뉴를 디자인한다. 연중 3월에서 10월은 성수기로 매우 바쁘며 매일 40~50여 종류의 다양한 페이스트리를 만든다. 제빵부와 페이스트리부에 근무하는 24명의 셰프들은 전원이 태국인으로 2~3년간 훈련을 거쳐 각 전문 분야에서 일하게 된다.

이곳은 셰프 자격증도 없는 완전 초보자들에게 기본부터 가르친다. 빵 만드는 일을 시작으로 2~3개월씩 교대해 분야별로 고루 기술을 습득하게 한

1. 샹그리라 호텔의 독인일 셰프 프랑크 브라운
2. 흐트러진 초콜릿을 보고 간격을 맞추는 브라운 셰프

홍보담당 매니저 수드사마이.
호텔 취재에 큰 도움을 주었다

1. 샹그리라 호텔의 페이스트리 작업실
2. 브라운 셰프가 직원과 함께 초콜릿 케이크를 점검하고 있다

3. 애프터눈 티 뷔페에 내보낼 초콜릿 케이크를 만드는 셰프들 4. 24년 경력의 찬타나. 그가 만드는 초콜릿은 고객의 입맛을 사로잡았다

후 마지막 단계로 초콜릿을 가르친다. 공정 과정이 복잡할 때는 영어를 잘하는 셰프가 통역을 하고 그렇지 않을 경우는 짧은 영어로 의사소통을 하지만 가끔 잘못 전달되는 경우도 있어 꼭 점검한다고 한다.

브라운 셰프는 셰프들을 가르칠 때 말로 설명할 뿐만 아니라 레시피를 읽히는 대신 손수 만들어 보이거나 실물 사진을 보여주기도 한다. 페이스트리에 대해 아무런 지식이 없는 이들을 처음부터 가르치는 것은 '커다란 도전'이었다. "내가 60%만큼 가르친다면 배우는 사람들은 단지 그것의 50%밖에 얻지 못하기 때문에 항상 더 많은 것을 배우려고 노력한다." 언제나 긍정적이고 무던한 성품의 그는 좋은 셰프이자 좋은 스승이었다.

그는 최소한 일 년에 한두 번은 휴가 차 유럽을 방문해 최신 정보를 얻고 페이스트리와 관련된 책과 자료들을 구입한다. 또한 페이스트리의 최근 경향을 분석해 새 아이디어를 찾아내는 등 꾸준히 자신의 기량을 발전시키고, 자신이 연구한 것을 셰프들에게 가르친다. 작업실을 둘러보며 기계들이 낯익은 회사 제품이라 내가 반가워하자 밀가루를 제외한 모든 기계와 재료들은 100% 수입한다고 한다. 이스트는 베트남에서 수입하며 초콜릿은 프랑스 발로나(Valhrona) 회사의 것을 사용한다. 발로나는 세계 최초로 다크 초콜릿에 코코아를 70% 이상 함유한 제품을 만드는 회사이다. 그는 발로나 제품에 대해 단연 최고의 맛이며 특히 여느 초콜릿 맛과 달리 먹고 난 후의 뒷맛이 좋다면서 엄지 손가락을 치켜세웠다.

초콜릿 부티크의 탄생

샹그리라 호텔은 총 4개월간의 준비 기간을 걸쳐 2010년 7월, 방콕의 호텔 중 유일한 초콜릿 숍, '초콜릿 부티크(Chocolate Boutique)'를 개장했다.

초콜릿 부티크 매장의 모습. 미국의 유명한 디자인 회사인 윌슨에서 설계, 디자인했다

미국의 유명한 윌슨 디자인 회사(Wilson Associates)가 실내 디자인을 맡아 초콜릿의 특징을 반영해 '부티크 스타일'로 꾸몄으며 보석 상자라는 콘셉트를 부각시켰다. 초콜릿색의 모던한 매장은 진열된 초콜릿 상자의 색과 조화를 이뤄 세련된 느낌을 주었다.

　　'초콜릿 부티크'라는 독특한 이름은 어떻게 탄생되었을까? 브라운은 초콜릿을 패션과 비교하며 "옷 가게에 온 사람들은 뭔가 색다른 옷을 찾고 내일은 오늘과 다른 옷을 입고 싶어 한다. 사람들이 초콜릿을 구매하는 것도 입고 싶은 옷을 고르는 것과 같다. 늘 오늘과 다른 새로운 초콜릿을 제공하려면 창조적으로 일해야 한다"는 점이 패션 세계와 상통한다는 것. 사실 나는 브라운과 인터뷰하는 동안 그의 철학적인 신념을 들으면 들을수록 탄복할 수밖에 없었다.

그는 초콜릿 부티크 개장을 준비하면서 앞서 가는 일본의 페이스트리를 참조하여 마케팅을 계획했다. 그는 도쿄에 있는 샹그리라 호텔을 통해 많은 정보를 제공받았다. 최근 아시아에서도 초콜릿이 대중화되면서 많은 사람들이 고급 초콜릿을 즐기고 있으며 일종의 명품을 선택하듯 하나의 라이프 스타일로서 자리 잡아 가고 있다고 했다.

초콜릿 부티크는 오전 7시에서 늦은 밤 11시까지 열며 개장 이후 2~3개월 동안 1만 5천여 점의 초콜릿을 판매했다. 그는 생각보다 높은 실적에 자신도 놀라웠다면서 뿌듯한 표정이었다. 초콜릿 부티크의 초콜릿은 최상의 배합으로 초콜릿 고유의 맛을 살려 고객들을 사로잡았다. 그는 너무 많은 재료를 섞으면 오히려 초콜릿 고유의 맛을 잃는다며 최대한 간결하게 만들어야 한다고 했다. 제품의 디자인 역시 아무 것도 섞지 않은 초콜릿 고유의 맛을 드러내기 위해 군더더기 없는 깔끔한 디자인을 선보였다.

초콜릿 제작은 24년 경력, 찬타나(Chantana)의 총 책임 아래 6명의 세프들이 함께 만든다. 그는 초콜릿 제작부터 연구, 개발까지 하는 찬타나 셰프에게 극찬을 아끼지 않았다. 브라운 셰프는 슈거 프리 초콜릿(sugar free chocolate)의 시장성을 내다보고 앞으로 도전해볼 계획이라고 밝혔다.

늘 깨어있는 진정한 셰프

'페이스트리는 계속 발전해야 한다. 우리 주변의 트렌드, 패션, 건축, 디자인 등에 영감을 받아 함께 변화해야 한다.' 브라운이 자신의 웹사이트에 남긴 말이다. 이틀 동안 그를 인터뷰하며 그가 가진 철학을 정리해봤다.

1. 편견 없고 포용력 있는 마음으로 가르친다.
2. 자신의 솔직한 의견과 평가는 배우는 사람들의 실력 향상에 도움

1. 매장의 한 직원이 장갑을 끼고 조심스레 초콜릿을 다루고 있다
2. 경력 20년의 분정 셰프가 만든 '망고푸딩'

점심 뷔페에 차려진 후식. 마카롱을
종이백에 담아 전시했다

Frank Brauns Shangri-La Hotel, Bangkok

주소 89 Soi Wat Suan Plu, New Road, Bangrak,Bangkok, 10500 Thailand
전화 (66)02 236 9952 웹 사이트 http://frankbraun.npage.de 이메일 frankbraunth@hotmail.com

을 준다고 믿는다.

3. 배우는 사람의 수준에 맞게 가르쳐야 하고, 눈높이를 맞추는 것이 팀을 이끄는 성공의 지름길이다.

4. 훌륭한 기술을 가진 선생이 훌륭한 제자를 만든다. 따라서 스스로 실력 향상을 위해 많은 노력을 해야 한다.

외국인 셰프로서 문화와 언어가 다른 태국인을 가르치기는 쉽지 않은 일이다. 브라운 셰프는 각자의 서로 다른 능력과 재능을 찾아내 가르쳐주는 것이 자신의 몫이라고 했다. 또한 목표에 도달하기 위해서 포용력과 융통성이 필요하며 언제나 열린 마음으로 노력하면 반드시 보답을 받게 된다는 믿음을 간직하고 있었다. 더불어 먼저 자신이 모범이 되어야지만 셰프들이 잘 따라와 줄 것이라고 했다. 그의 말을 들으면서 '사람을 움직이는 유일한 수단은 내가 먼저 모범을 보이는 것'이라는 아인슈타인의 명언이 떠올랐다. 새로운 자신의 모습을 기대하며 옷을 갈아입는 것처럼 자신의 마음을 늘 새로운 다짐과 각오로 갈아입는 그는 이 시대의 진정한 셰프이다.

The Untold Story

늦은 저녁 시간에 초콜릿 부티크에서 우연히 브라운 셰프를 만났다. 그는 전시할 부활절 초콜릿의 배치를 직원과 의논하다 말고 갑자기 진열장을 열었다. 주머니에서 짧은 자 같은 도구를 꺼내더니 간격이 불규칙하게 벌어진 초콜릿 사이를 다시 정렬하기 시작했다. 나는 문자 그대로 자로 잰 듯 완벽한 그의 모습에 입을 다물지 못했다. 그야말로 그는 자만큼 정확한 사람이었다. 나는 최근 브라운 셰프가 2013년 2월, 4년간 근무한 샹그리라 호텔을 떠났다는 소식을 전해 들었다. 어느 곳에서든 훌륭한 스승의 모습을 잃지 않길 바란다.

Supattra Thaisweets
태국의 예술 디저트 룩춥

태국인들이 사랑하는 전통 디저트 '룩춥(Lookchoop)'. 손으로 직접 빚어 정교하게 완성되는
룩춥은 또 다른 '태국의 예술'이다. 작은 공정 하나 소홀히 지나치지 않는 그들의 고집이
지금의 룩춥을 만들었다. 반죽으로 열대과일이나 채소 모양을 빚어 젤리로 코팅한 룩춥.
한 번 맛보면 절대 잊을 수 없는 그 특별한 맛을 찾아 다시 태국을 방문했다.

처음 태국을 방문했을 때 룩춥을 먹어 보고는 꼭 다시 와서 룩춥 만
드는 것을 자세히 알아보고 싶었다. 두 번째로 태국을 방문했을 때 방콕의
유명한 쇼핑몰 시암 파라곤(Siam Paragon) 지하 1층의 푸드 홀(food hall)
을 다시 찾았다. 이곳에서 취재할 룩춥 매장을 비교해 보고 결정할 생각이었
다. 나는 행복한 고민 끝에 왕관 로고가 있는 '수파트라 타이스위츠(Supattra
Thaisweets)'를 선택했다.

사실상 처음에는 취재 여부도 불투명했다. 여러 번의 요청 끝에 간신
히 허락을 받았지만 주인이 사진을 찍을 수 없다고 해 또 한 번 애를 태웠다.
당시는 신년이라 선물이 많이 밀렸기 때문에 작업장이 많이 분주하고, 룩춥
을 만드는 과정이 너무 오래 걸린다는 이유였다. 일단 작업장을 공개하지 않

는 대신 룩춥 만드는 과정을 담은 CD를 사용하는 조건으로 취재를 허락받았다. 나는 직접 찾아가 다시 설득해볼 생각이었다.

알록달록, 앙증맞은 룩춥

지상 전철 스카이트레인(BTS Skytrain)을 타고 가다 다시 5분 정도 걸어서 쉽게 찾았다. 주택가에 간판도 없는 3층 건물의 1층은 사무실, 2층과 3층은 작업장과 자택이었다. 33℃가 넘는 한낮의 더위에 땀으로 온몸을 적시고 사무실로 들어서자 인상 좋은 부부가 반갑게 나를 맞아 주었다. 주인 남자는 웃으며 본인의 성이 부르기 어렵다고 이름인 수라(Sura Suthakavatin)로 부르라고 했다.

수라는 제품을 맛보았느냐며 부인 수파트라(Supattra Suthakavatin)가 냉장고에서 꺼낸 앙증맞고 예쁜 룩춥과 코코넛 젤리(coconut jelly)를 시원한 얼음물과 함께 내놓았다. 사무실 책상 위에 놓인, 수파트라 타이스위츠가 실린 잡지들을 설명하던 수라는 여러 방송 매체에 방영된 CD를 직접 보여줬다. 일본과 싱가포르의 모 항공사 태국 관광 홍보 프로그램에 수파트라 타이스위츠가 소개돼, 방콕에 비행기들이 착륙하기 전 방영된다며 무척 자랑스러워했다. 여러 잡지와 CD들을 보며 수파트라 타이스위츠의 유명세를 짐작할 수 있었다.

때마침 2층에서는 직원들이 작업하는 소리가 들렸다. 사진을 찍을 수 있는 좋은 기회여서 사진을 찍을 수 있도록 부탁했고, 두 사람은 한참 상의한 끝에 허락했다. 순간 너무 기쁜 나머지 그녀를 힘껏 끌어 안으며 고맙다는 인사를 했다. 신발을 벗고 나무 계단으로 연결된 2층에 올라가니 가니 정갈하게 앞치마를 두른 6명의 여직원이 흰 위생모와 마스크를 쓰고 일에 몰

1. 수라와 수파트라 부부의 모습. 인터뷰 내내
웃음을 잃지 않았던 자상하고 친절하신 분들이었다
2, 3. 수파트라만이 아는 시크릿 레시피의 '코코넛
젤리'. 말랑거리기 보다는 사각거리는 진한 코코넛 맛.
귀여운 토끼와 오리 모양의 젤리가 그리 달지 않아
자꾸 먹게 된다 4. 파스텔 컬러의 꽃 모양인 '코코넛
젤리'. 사각사각 씹히는 게 특이하다

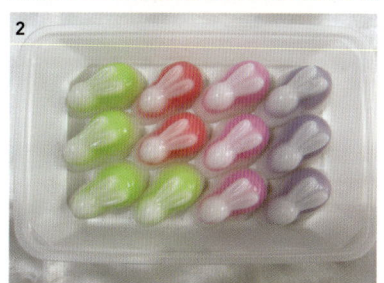

두하고 있었다. 형형색색의 수많은 룩춥이 철사에 가지런히 꽂혀 있어 마치 화려한 꽃밭이 눈 앞에 펼쳐진 것 같아 탄성이 절로 나왔다.

태국인의 손재주를 제대로 볼 수 있는, 태국 특유의 룩춥은 100여 년 전 고대 시암(옛 태국의 공식 국호)의 라마 5세 시절 왕족들의 후식에서 시작되었다. 룩춥(lookchoop)의 룩(look)은 작은 형태를 말하며 춥(choop)은 코팅의 종류를 의미한다. 이름대로 룩춥 반죽을 바나나, 오렌지 등 온갖 열대 과일과 야채 모양으로 작게 빚어내고, 붓으로 일일이 착색해 젤리로 코팅한 것이다. 전통적으로 룩춥의 크기는 1.5cm~2.5cm로 아주 작아 한입에 쏙 들어간다. 투명한 젤리로 코팅한 룩춥은 그 색이 더욱 선명하게 보여 완제품이 나오면 먹기 아까울 정도로 예쁘다. 수파트라 타이스위츠는 강렬한 색이 돌아 다른 상점의 룩춥과 비교하면 맛과 색이 두드러진다. 예전에는 반죽 재료를 수박만큼 커다란 잭프루트(jackfruit)라는 열대과일 안에 든 씨를 끓여 만들었지만 지금은 껍질을 깐 녹두를 사용한다. 녹두로 만드는 룩춥 반죽은 마치 우리나라 떡고물 같은 맛이 나면서 단맛은 거의 없다. 정교하게 빚어내고 정성 들여 색을 바른 룩춥은, 최고의 맛을 내는 예술적인 디저트이다.

룩춥의 시크릿 레시피

수라는 궁금했던 룩춥 반죽 만드는 법에 대해 상세히 설명해줬다. 녹두를 6~7시간 동안 물에 불린 다음 푹 쪄서 블랜더에 갈아 설탕과 코코넛 밀크를 넣어 약한 불에 끓인다. 나무 주걱으로 끓는 반죽을 계속 저어주면서 농도를 조절하는 것이 가장 중요하다. 수파트라는 직원들이 퇴근한 오후 5시부터 두 시간에 걸쳐 날마다 룩춥 반죽을 혼자 만드는데 레시피는 그녀만이 알고 있다. 포장 상자에 표기된 재료는 녹두 71.99%, 코코넛 밀크 15%,

1. 완성된 망고스틴의 밑동을 칼로 자르고 있는 수파트라. 옆의 쟁반에 조심스럽게 가지런히 놓으며 일하는 그녀의 모습이 아주 인상적이었다 2. 철사 기둥을 잡고 일일이 페인팅 작업을 지극정성으로 한다. 능숙하게 페인팅 하는 손길이 너무 빨랐다 3. 마침내 들어갔던 주방. 코팅돼 건조 중인 수많은 룩춥들이 마치 예쁜 꽃밭처럼 보여 탄성이 절로 나왔다

설탕 10%로 방부제는 일절 들어가지 않는다고 명시되어있지만 이외에도 그녀만이 아는 재료가 더 들어간다며 수라는 웃었다. 룩춥을 코팅하는 젤리도 만드는 비밀이 있어 반죽과 젤리는 수파트라가 도맡아 만든다.

작업실 구석에 놓인 젤리를 끓이는 큰 솥들은 사진 촬영을 하지 말아 달라며 간곡히 부탁해 먼발치에서 찍어야만 했다. 수파트라 타이스위츠의 룩춥을 반으로 베어 물면 탱탱하게 코팅된 젤리가 터질 듯 쫄깃하게 씹히고, 부드러운 반죽은 젤리와 어우러져 색다른 질감을 느끼게 한다. 젤리의 농도에 따라 반죽에 코팅되는 두께가 달라지기 때문에 입안에서 느껴지는 탱글탱글한 젤리가 룩춥의 맛을 살리는 데 중요한 역할을 하는 듯하다. 또한 코팅한

젤리의 두께가 너무 두껍거나 얇아도 안 되며 쫀득거리는 맛을 내는 것이 핵심인 것 같았다.

룩춥은 마치 서양의 마지팬을 만들 듯 과일이나 채소의 실물을 작게 빚어내기 때문에 굉장히 섬세한 손기술이 요구된다. 여러 가지 모양으로 빚은 룩춥은 긴 철사 끝에 꽂아 네모진 스티로폼에 가지런히 꽂아 놓는다. 빚은 다음 너무 오래 두면 반죽이 마르기 때문에 20~30분 안에 식품 착색제(food colouring)를 브러시로 발라야 한다. 세세하게 붓으로 칠하는 수작업이 끝난 룩춥 완성품은 실제 과일의 축소판 같다. 착색제가 덜 마른 상태에서 젤리에 담그면 색이 번지기 때문에 10~20분 정도 완전히 말려야 한다. 룩춥을 코팅할 때는 네모진 스티로폼을 거꾸로 들어 한꺼번에 젤리에 살짝 담근 다음 바로 세워 놓는다. 젤리가 완전히 굳은 다음 철사에서 하나하나 빼내 긴 꼬리의 윗부분을 칼로 바짝 잘라

1. 손도 더 많이 가고 가장 만들기 힘들다는 망고스틴
2. 당근의 주름진 것까지 세세하게 만들어 완전 실물의 축소판이다 3. 완성된 빨간 고추. 이제 긴 젤리의 꼬리만 자르면 된다

내기 때문에 룩춥의 밑면을 자세히 보면 이 과정에서 생긴 구멍이 남아 있다. 가장 만들기 어려운 모양은 열대과일인 망고스틴(mangosteen)이다. 망고스틴은 감처럼 꼭지가 달려있어 꼭지 부분을 따로 만들어 초록색을 칠하고 보라색 몸통에 따로 붙여야 해 손이 많이 간다.

애초에 12개 정도의 모양을 만들었는데 지금은 대략 16종류를 매일 4~6천 개 만들어 시암 파라곤을 비롯한 태국의 네 곳에 판매한다. 십여 년 전부터 일본, 싱가포르, 홍콩, 중국, 호주로 냉동 수출을 하고 있으며 호주의 수출 실적이 제일 높다. 룩춥은 2달간 냉동 보관이 가능하고 냉장은 일주일 정도이며 며칠 안에 먹을 것을 권장한다. 수작업으로 이루어지는 전 과정을 기계 공정으로 바꿀 생각은 없는지 문자 시도를 해봤지만 완성도가 떨어져 그만두었다고 한다. 손끝의 세밀한 기술로 정성껏 만드는 수준 높은 솜씨를 기계에 의존하기는 아무래도 어려웠을 것이다. 코코넛 젤리인 '원 마 프라오 운(won ma phrao oon)'은 수파트라 타이스위츠의 색다른 별미이다. 코코넛 젤리는 코코넛 밀크, 코코넛 주스, 설탕, 젤라틴을 끓여 식힌 다음 틀에 부어 10분간 굳혀 만드는데 코코넛 맛이 듬뿍 난다. 우리 입맛에 친숙한 말랑말랑한 젤리 맛이 아니라 향긋한 코코넛 맛이 나며 사각거리는 식감이 색다르다. 룩춥과 달리 코코넛 젤리는 쉽게 상하며 보관 기간도 1~2일 정도로 무척 짧다.

맛의 차이가 모든 차이를 만든다

수파트라 타이스위츠의 상호는 부인의 이름이며 로고는 미인대회를 연상시키는 예쁜 왕관을 선택했다. 애초에 수라를 쓰려다 부인 이름이 예쁜 룩춥과 더 잘 어울리는 것 같아 수파트라로 정했다. 전직 은행원이었던 수라는 현재 보석 가게를 운영하면서 부인 사업을 돕고 있다. 올해 56세인 수파트라는 18년 전 남편의 누나에게 처음 룩춥 만드는 것을 배웠다. 취미로 만들던 룩춥이 사업으로 크게 발전하기까지 남다른 일화가 있다고 했다.

수파트라는 새로운 레시피를 개발해 룩춥을 만들어 주변 친지들에게 선물했는데 반응이 굉장히 좋았다. 집에서 소량으로 만들던 그녀는 남편에게 본격적인 룩춥 사업을 제안하고 제품을 작은 상자에 넣어 회사, 은행 등지에 무상으로 나눠주는 아이디어를 생각해 냈다. 수라는 직원 한 명과 함께 10종류의 룩춥을 담은 상자 50개를 곳곳에 들고 다니면서 홍보했다. 그런 후 거짓말처럼 정확히 2시간 만에 첫 전화 주문을 받았다. 그 순간을 떠올리던 수라는 아직도 어제 일처럼 흥분을 감추지 못했다. 한 은행에서는 즉석에서 고객용 선물로 대량 주문을 해 매우 기뻤다면서 18년 전을 감격스럽게 회고했다. 나도 이야기를 들으면서 가슴이 찌릿해지고, 룩춥을 곱게 빚은 솜씨와 그 특별한 맛을 인정받은 기쁨이 얼마나 컸을지 상상이 갔다.

10여 명의 직원들은 오전 6시에 출근해 오후 4~5시경 작업을 마친다. 이른 새벽부터 룩춥을 만드는 이유를 궁금해하니 신선도 때문이라고 했다. 재료가 녹두인데다 전날 만든 반죽으로 작업해야 하기 때문에 되도록 일찍부터 서둘러 만들어 제품을 공급하고 판매한다. 직원들은 보통 3~6개월 정도 실습 기간을 거치며 한 사람이 2종류 정도를 집중적으로 만든다.

사업이 번창하면서 몇 해 전 작업장의 규모를 증축하려다 건강을 우려하는 아들이 극구 말려 현 상태를 유지하고 있다. 수라는 아들과 딸은 가업에 대해 큰 관심을 보이지 않는다며 자신이 일을 할 수 있을 때까지 열심히 해야겠다고 호탕하게 웃었다. 주변 사람들이 수파트라의 룩춥에 많은 관심을 갖고 배우고 싶어하지만 그는 다음으로 미루고 있다.

이미 성공 궤도를 달리고 있는 그의 룩춥 사업, 그래도 타사 제품과의 경쟁의식이 있는지 궁금했다. "우리 제품의 맛에 자신이 있기 때문에 타사 제품을 전혀 개의치 않습니다. 제일 중요한 것은 고객들이 선택하는 수파트라 스위츠의 고유한 맛입니다." 그는 맛의 차이를 힘주어 말했다. 지금껏 내가 만나봤던, 맛으로 성공한 사람들의 공통점은 자신의 제품에 늘 자신감이 넘쳐 그들 제품과 경쟁할 만한 제품이 없다고 믿는다는 것이다.

수백 년간 이어져 내려오며 태국인의 사랑을 받고 있는 수많은 종류의 태국 디저트. 깔끔하면서도 섬세한 멋진 외형으로 여전히 사람들을 끌어당긴다. 한 태국인 저자는 태국의 디저트를 '선조가 대대손손 전해준 매우 귀중한 우리의 유산이자 자부심'이라고 정의할 만큼 태국인들의 룩춥에 대한 애정은 각별하다.

유일하게 상자에 포장된 '룩춥'. 왼쪽 위에 아주 작은 왕관 로고가 보인다. 40개가 담겨 155바트다

Supattra Thaisweets

주소 Mrs. Supattra Suthakavatin 123 Sukhumvit 95/1, Bangjak Phrakanong, Bangkok 10260 Thailand **전화** (+66)2-3321159 **이메일** supattra_thaisweets@hotmail.com

With Chefs

On the Road

페이스트리 셰프 장완정이
길 위에서 만난
세계의 카페 & 베이커리

떠나고
맛보고
행복하다